BEI GRIN MACHT SICH IHR WISSEN BEZAHLT

- Wir veröffentlichen Ihre Hausarbeit,
  Bachelor- und Masterarbeit

- Ihr eigenes eBook und Buch -
  weltweit in allen wichtigen Shops

- Verdienen Sie an jedem Verkauf

Jetzt bei www.GRIN.com hochladen
und kostenlos publizieren

Wolfgang Piersig

Bronze - Beitrag zur Technikgeschichte

GRIN Verlag

Bibliografische Information der Deutschen Nationalbibliothek:

Die Deutsche Bibliothek verzeichnet diese Publikation in der Deutschen National-
bibliografie; detaillierte bibliografische Daten sind im Internet über http://dnb.d-
nb.de/ abrufbar.

Impressum:

Copyright © 2010 GRIN Verlag, Open Publishing GmbH
Druck und Bindung: Books on Demand GmbH, Norderstedt Germany
ISBN: 978-3-640-72838-1

Dieses Buch bei GRIN:

http://www.grin.com/de/e-book/158771/bronze-beitrag-zur-technikgeschichte

Bronze

Dr.-Ing. Wolfgang Piersig

Berg- und Adam-Ries-Stadt Annaberg-Buchholz

Geburtsstadt von Emil Heyn — Begründer der Metallographie und Metallkunde

September 2010

Inhaltsverzeichnis.

Seite

Einleitung.

Im Beitrag wird die aus dem einzig rot aussehenden Buntmetall Kupfer mit dem zu der Gruppe der sieben Metallen der Antike gehörenden silbrig schimmernden Zinn entstehende Bronze betrachtet.

Behandelt werden die Begriffsbestimmung der Bronze, die Charakteristik der die Legierung Bronze bildenden Metalle Kupfer und Zinn, außerdem ist Bedeutsames zu diesen beiden Elementen in Thesen gefaßt. Vermittelt wird auch die Bedeutung der Legierungselemente Phosphor, Zink, Blei, Nickel, Eisen und einiger anderer Elemente für den Gebrauchswert der Zinnbronzen. Ebenso wird ihre industrielle Herstellung und Behandlung kurz dargestellt. Zum Inhalt gehört gleichsam ein Überblick zur Verwendung von Kupfer und Zinn in der Antike und Gegenwart. Eingebunden in diese Publikation ist auch eine kurze Übersicht zu den gängigen, genormten Kupfer-Zinn-Knet- und Gußlegierungen. Überdies werden in dieser Veröffentlichung dem Leser auch einige Literaturempfehlungen zur Bronze gegeben.

Historisches zur Bronze.

Der Gebrauch der Bronze ist uralt, ihre Herstellung reicht bis in die ältesten Zeiten hinauf und erforderte sowohl für Geräte und Waffen sowie Schmuck und Kunstartikel mannigfache Erfahrungen. Gefundene Pfeilspitzen weisen auf die Verwendung von Zinn in Bronzen um 4000 v. u. Z. hin. Solche enthielten bisweilen auch Blei, eine zu dieser Zeit rein zufällige Beimischung bzw. als Verunreinigungen auch die Metalle Zink, Eisen, Silber. Alte indische Bronzen haben sogar bis acht Prozent Eisen, altjapanische ebenso Anteile von Silber, Gold. Zur Bronze kam es, als die Erzkünstler nach Wegen suchten, das schwer schmelzbare Kupfer brauchbarer zu machen. Erzielt wurde es mit den zur Verfügung stehenden Metallen und Erzen. Wo Zinn fehlte, nutzten sie auch Blei-, Zink-, Antimon- oder Arsenerze [1]. Mittels Gießen entstanden Metallartikel bedeutend schneller, einfacher, in nur einem Arbeitsgang [2].

Genutzt wurde Bronze früh von Assyrern, Chinesen, Babyloniern, Indern, Persern, Ägyptern. Letztere stellten sie 2000 [3] bzw. um 1500 v. u. Z. [4] her. Aus allen diesen Kulturen sind Bronzeerzeugnisse überliefert [3], wie Nadeln, Pinzetten, Äxte, Beile, Sicheln, Keile, Reife, Armspiralen, Wendelringe etc. [4]. Zur Meisterschaft entwickelte sich das Bronzegießen in China um 1550 v. u. Z. Nachweislich wurde es da ab 1500 v. u. Z. mit höchstem Aufwand für Form, Dekoration, Beschriftung betrieben [5]. Über Bronze schreibt Homer (etwa im 8. Jh. v. u. Z.) in dem Poem des Krieges 'Ilias' und dem des Friedens 'Odyssee', speziell über den vom hüftlahmen Gott der Schmiede Hephaistos gefertigten Bronzeschild des Achilles [6]. Ihre schönste Ausbildung erfuhr die Bronze in Griechenland, wo seit der Mitte des 5. Jh. v. u. Z. gegossene Statuen entstanden. Am geschätzten war die Bronze von Korinth, Delos, Ägina [7].

Als bedeutsam von einst gelten zwei etwa zwei Meter große griechische Bronzestatuen, die 1972 auf dem Grund des Ionischen Meeres bei Riace gefundenen wurden. Mit ihnen werden die Grundregeln griechischer Kunst, die 'taxis' und der 'kosmos', sowie ihre unvergleichlichen antiken Meisterwerke, Zivilisation, Kultur belegt [*]. Welche enormen Bronzemengen es im Altertum (um 780 v. u. Z.) gab, darüber wird in [4] berichte. So soll ein assyrischer König in Mussasis 108 Tonnen Barren, 25.212 Schilde und Helme, 304.412 Schwerter, Bögen, Pfeile und andere Waffen wie auch eine 1.800 Kilogramm schwere Kupferstatue des Herrschers Argischti (Argišti, 8. Jh. v. u. Z.) erbeutet haben. Sehr viel Bronze (über 12.500 Kilogramm) sollen auch 292 v. u. Z. beim 30 Meter hohen Koloß von Rhodos verarbeitet worden sein [6].

Zu den bekanntesten antiken Bronzen zählen eine Quadriga von vor 2.000 Jahren in Venedig, die Reiterstatue des Kaisers Mark Aureli, der kapitolinische Dornauszieher, der Septimius Servus in Rom, die beiden Ringer, der schlafende Satyr in Neapel, der betende Knabe in Berlin, die vier Rosse aus byzantinischer Zeit (395-642) [1], [6], die Himmelsscheibe von Nebra (D) [8], der Sonnenwagen von Trundholm (DK) [9]. Aus dem Mittelalter (13. Jh.) ragt der 400 Tonnen bronzene Buddha der japanischen Pagode Todaidschi heraus [6].

[1] Meyers Lexikon, Bronze, Zweiter Band, Sp. 916/917, Leipzig: Bibliographisches Institut 1925.
[2] Einsiedel, R.: Kunsthandwerkliche Kupferschmiedearbeiten, Leipzig: Fachbuchverlag 1988.
[3] Schilling, M.: Glocken und Glockenspiele, Rudolstadt: Greivenverlag 1985.
[4] Lietzmann, K.-D.; Schlegel, J.; Hensel, A. Metallformung, Leipzig: Dt. V. f. Grundstoffindustrie 1983.
[5] Wilsdorf, H.: Montanwesen – Eine Kulturgeschichte, Leipzig: Edition Leipzig 1987.
[6] Spiridonov, A. A.: Kupfer in der Geschichte der Menschheit, Leipzig: Dt. Verl. f. Grunstoffindustrie 1982.
[7] Meyers Konversations-Lexikon, Bronze, Dritter Band, S. 459/461, Leipzig: Bibliographisches Institut 1886.
[8] Himmelsscheibe von Nebra, de.wikipedia.org/wiki/Himmelsscheibe_von_Nebra, 09.09.2010.
[9] Sonnenwagen von Trundholm, de.wikipedia.org/.../Sonnenwagen_von_Trundholm, 09.09.2010.
[*] de.wikipedia.org/wiki/Bronzestatuen_von_Riace; www.g26ch/italien_kunst_08.html, 09.09.2010.

Bei der Himmelsscheibe, einer zwei Kilogramm schweren, mehrfach warmgeschmiedeten und wärmebehandelten Bronzeplatte mit Einlegeapplikationen aus unlegiertem Goldblech, handelt es sich um eine Bronze mit einem sehr geringen 2,5 % Zinnanteil und einen für die Bronzezeit typisch hohen 0,2 % Arsengehalt. Anhand der mit gefundenen, untersuchten zwei Bronzeschwerter, zwei Beile, einem Meißel, mehrerer Bruchstücke spiralförmiger Armreife und Holzresten, wird vermutet, daß sie etwa um 1600 v. u. Z. vergraben wurde. Ihr datiertes archäologisches Alter liegt vermutlich zwischen 2100 v. u. Z. bis 1700 v. u. Z. [1], [2]. Beim Sonnenwagen, dem Solvognen, handelt es sich um eine etwa 60 Zentimeter lange, aus gegossenen Bronzeteilen zusammengesetzte Skulptur aus der Zeit um 1400 v. u. Z. [3], [2].

Während die Zinnverwendung in China und Indien seit dem 3. Jt. v. u. Z., in Ägypten ab dem 2. Jt. v. u. Z. nachweisbar ist, erscheint es in Mitteleuropa (Schweiz, Schottland, Schweden, Irland, Pommern, Dänemark) um 1800 v. u. Z. Genauerere Datierungen sind schwer, weil aus dem Altertum nur wenige Zinngegenstände erhalten geblieben sind, da eine Vielzahl von ihnen durch Plünderungen der Kulturstätten der Antike verloren gingen, meist unansehnlich oder unmodern gewordene Stücke wieder eingeschmolzen wurden [4], [5], aber auch ein Teil materialbedingt auch durch Zinnpest zerfallen ist [4] bis [7].

Zinnerzeugnisse tauchen in der alten Welt erst wieder im 4. Jh. v. u. Z. in Form von sakralen Grabbeigaben auf. Ebenso wurde in der griechischen und römischen Kultur aus diesem Metall Zinn Tischgerät erschmolzen, die Technik des Verzinnens von Münzen, das Löten von bleiernen Wasserleitungen und Spiegeln entwickelt. Und durch Schriften des berühmten griechischen Arztes Hippokrates (460-370) ist belegt, daß Zinn das gesündeste Metall jener Zeit war und aus ihm folglich ärztliche Geräte und Instrumente daraus gefertigt wurden [8].

Echte Bronzen, sind bis auf die Beile von Non Nok Tha (Thailand) anfangs selten [8], denn die um 3000 v. u. Z. möglicherweise in Tepe Yahya bei Kerman (Iran) geschmiedete bronzene Messerklinge enthielt neben 1,1 % Arsen nur 3 % Zinn, ein Meißel 3,7 % Arsen, eine Ahle 0,3 %. Ob die Struktur der ältesten Bronzeobjekte mit Arsen, das weiches Kupfer (Brinellhärte 30) erst zur Bronze (Brinellhärte 120 bis 230) macht, bewusst hergestellt wurde oder zunächst immer nur eine glückliches Zufallsprodukt war [4], [7], ist bisher nicht eindeutig geklärt. Einen zur Härtung gerade ausreichenden Arsengehalt von 0,8 % weist eine frühe Ahle aus Çayönü (Ober-Mesopotamien) auf, während eine dort mit gefundene Nadel arsenfrei war. Nach [4] soll es auch Bronzen mit bis zu 12 % Arsenanteil gegeben haben. Ebenso sollen auch nickelhaltige Erze bewusst beigefügt worden sein [8].

Als sicher angenommen wird [4], daß bei den Churritern, Semitern, Hethitern, Sumerern, Assyrern, Juden, Ägyptern die Metallformung von Kupfer und der später vermutlich zufällig entdeckten Bronzen bekannt war und mit hoher Kunstfertigkeit betrieben wurde.

[1] Himmelsscheibe von Nebra, de.wikipedia.org/wiki/Himmelsscheibe_von_Nebra, 09.09.2010.
[2] Bronze, de.wikipedia.org/wiki/Bronze, 09.09.2010.
[3] Sonnenwagen von Trundholm, de.wikipedia.org/.../Sonnenwagen_von_Trundholm, 09.09.2010.
[4] Lietzmann, K.-D.; Schlegel, J.; Hensel, A. Metallformung, Leipzig: Dt. V. f. Grundstoffindustrie 1983.
[5] Meyers Konversations-Lexikon, Bronze, 3. Band, Seiten 459/461, Leipzig: Bibliographischen Instituts 1886.
[6] Einsiedel, R.: Kunsthandwerkliche Kupferschmiedearbeiten, Leipzig: Fachbuchverlag 1988.
[7] Engels, S.; Nowak, A.: Auf der Spur der Elemente, Leipzig: Deutscher Verlag für Grundstoffindustrie 1983.
[8] Wilsdorf, H.: Montanwesen – Eine Kulturgeschichte, Leipzig: Edition Leipzig 1987.

Im 3. bis 2. Jt. v. u. Z. kamen die Kupfer-Zinn-Legierung mit zumeist 10 % Zinn hinzu. So wurde im Königsfriedhof von Ur (Irak) und bei Kish (Iran) Bronzegeräte gefunden, die sowohl Arsen und Zinn enthalten. Zinngehalte von 12 % waren seltener, und ägyptische Bronzen hatten teils Zinngehalte von 2 bis 16 % [1]. Mit Normalbronze wurde eine Legierung bestehend aus 86,6 Kupfer, 6,6 Zinn, 3,5 Blei und 3,3 Zink um 1885 bezeichnet [2].

Warum Arsen schließlich durch das kostbare Zinn ersetzt wurde, ist bis heute noch unklar [1]. Womöglich spielte auch die Farbgebung von Arsen, das der Bronze ein silbriges Aussehen, und von Zinn, welches ihr ein goldenes Aussehen gibt [2], eine Rolle. Hinzuzufügen ist, Bronze ist mit 99 bis 90 Prozent Kupfer kupferrot oder dunkel rotgelb, mit 88 orangegelb, mit 85 rein gelb, mit 80 gelblichweiß, von da an weiß, bei 50 bis 35 grauweiß, bei noch geringerem Kupfergehalt wieder weiß und zinnähnlich [1], [3] bis [5]. Zur spürbaren Ablösung der Kupferlegierungen mit Arsen, Antimon, Silber, Blei durch Zinn kam es erst von 2500 bis 1500 v. u. Z. mit dem einsetzenden Fernhandel von Erzen und Metallen [1] bis [5].

Es war auch die Zeit, wo Schmelzer, Schmiede, Bronzearbeiter dieser frühen Zeit erkannten, daß sich zinnärmere Legierungen (< 6 %) noch kalt durch Hämmern härten bzw. zinnreichere (> 8 %, günstiger bis 13 %) besser schmelzen und gießen sowie in der Hitze (500 bis 600 °C) durch Schmieden bearbeiten und ebenso mit zunehmenden Zinngehalt (> 6 %), sinkendem Schmelzpunkt (< 850 °C) meist, da sie von Natur aus härter waren, weniger bis gar nicht kalt hämmern lassen. Aus der Empirie erwuchs die Erkenntnis, daß sich Bronzen mit Zinngehalten von 10 bis 14 Prozent kalt bearbeitbar sind, und diese Zusammensetzung wurde zur Regel [2].

Sehr zeitig war auch eine Hartbronze bekannt, die für Prägestempel und Feilen genutzt wurde. Von ihr ist nicht bekannt, wie die Härte (chemisch oder mechanisch) erzielt wurde [4]. Etwa ab 1300 v. u. Z. orientierte sich die Verwendung von Bronze insbesondere auf die Herstellung von Gegenständen (wie Gefäße, Münzen, Utensilien, Standbilder, Reliefs, Glocken, Waffen, Geschütze), welche zu diesem Zeitpunkt aus Eisen schwer oder gar nicht gegeben war [4]. Bronzegießer schufen stets Bestaunenswertes, so auch die Zarenkanone (die größte bronzene Feuerwaffe mit einem Kaliber von 82 cm) wie auch die 1735 gegossene größte Glocke der Welt (Höhe 6,14 m, Durchmesser 6,60 m, Masse 202 t) im Moskauer Kreml [3], [6].

Bronzen zu Münzen und Medaillen verarbeitet, enthalten fünf bis zwölf Prozent Zinn, die englische oft ein wenig Blei oder Zink, französische meist fünf Prozent Zinn. Spiegelmetall enthält etwa 30 bis 39 % Zinn, oft auch Zink, Arsen, Silber, Nickel, z. B. Teleskopspiegel aus 68,82 % Kupfer; 31,18 % Zinn, Hohlspiegel aus 69 % Kupfer und 28,7 % Zinn sowie mit 38,8 % Zinn; 2,2 % Zink; 1,9 % Arsen. Letzteres macht die Bronze dichter, fester, erhöht die Lichtreflektion und zeichnet sie durch weiße Farbe, höchste Politur aus [1], [7]. Auch Zusätze von etwa zwei Prozent Nickel, Platin oder Silber erhöhen das Bronzereflektionsvermögen [7].

Mit der Industrialisierung im 19. Jahrhundert nahm der Bronzebedarf speziell in Frankreich,

[1] Meyers Konversations-Lexikon, Bronze, 3. Band, Seite 459/461, Leipzig: Bibliographischen Instituts 1886.
[2] Lietzmann, K.-D.; Schlegel, J.; Hensel, A. Metallformung, Leipzig: Dt. V. f. Grundstoffindustrie 1983.
[3] Engels, S.; Nowak, A.: Auf der Spur der Elemente, Leipzig: Deutscher Verlag für Grundstoffindustrie 1983.
[4] Wilsdorf, H.: Montanwesen – Eine Kulturgeschichte, Leipzig: Edition Leipzig 1987.
[5] Spittel, M.: Metalle im Altertum, Wiss. U. Fortschritt 15(1965), H. 10, S. 442.
[6] Spiridonov, A. A.: Kupfer in der Geschichte der Menschheit, Leipzig: Dt. Verl. f. Grunstoffindustrie 1982.
[7] Meyers Lexikon, Zweiter Band, Bronze, Sp. 916/1917, Leipzig: Bibliographisches Institut 1925.

Österreich, Deutschland, zu. Im Mittelpunkt standen Erzeugnisse wie Spiegel, Kaminvasen, Kaminvorsetzer, Ofenschilde, Kronleuchter, Spiegel, Blumenbecken, Arm-, Stand- sowie Wandleuchter, Standuhren, Teller, Wandteller, Lampen, Vasen, Bowlen, Kannen, Kassetten, Schreibintenour, Fahnenhalter, Türgriffe, Beschläge etc. Neben Gegossenem etablierte sich auch Gestanztes aus Bronze, was möglich wurde durch die Einführung von zinn- und zinkhaltigerer, dem Messing nahestehender, relativ weicher, preiswerter zu bearbeitenden Bronze. Hergestellt wurden aus diesem stanzbaren Material u. a. verzierte Gebrauchs- und Ziergeräte, wie Teekessel, Kaffemaschinen, Schlüsseln [1] bis [3].

Späte große Bronzearbeiten sind die krönende 8,30 Meter hohe, 35 (40) Tonnen [4], [5] schwere, vergoldete Skulptur Viktoria auf der von 1864 bis 1873 erbauten 66,89 Meter hohen Berliner Siegessäule, das 45,16 Meter hohe Monument El Ángel de la Independencia [6] mit der vergoldeten 6,70 Meter hohen, sieben Tonnen schweren Statue in Mexiko-Stadt beim Paseo de la Reforma, das Reitermonument Kurfürst Friedrich Wilhelm II. (1620-1688), der alte Fritz, Unter den Linden in Berlin, wofür lt. Rechnungen 524 Zentner Kupfer und Messing und 50 Zentner Zinn gekauft wurden [7], das 7,10 Meter hohe, rund 40 Tonnen schwere Karl-Marx-Monument, der Nischel, in Chemnitz [8]. Letztendlich gilt es hier auch das 68 Meter hohe, einhundert Tonnen schwere, aus 108 Segmenten bestehende US Marine Corps War Memorial aus Bronze in Brooklyn, New York, das breit als die berühmteste Bronzestatue in den USA und der Welt gilt [9], [10], [11], hier aufzuführen.

Und auch dies sollte noch ausgesprochen werden, mit der Verfügbarkeit der Bronze entwickelten sich sowohl die blanken Waffen, wie Äxte, Pfeile, Spieße, Speere, Lanzen, Schwerter, Dolche etc., wie auch die schützenden Teile der Bewaffnung, wie Helme, Schilde, Harnische, Panzerungen. Hergestellt wurden diese Waffen von Metallformern mit hohem Wissen und Können beim Umgang mit Bronzen. Schwertschmiede bzw. Schwertfeger waren es, die diese bronzenen Kampfwaffen über Jahrtausende hinweg weiterentwickelten [3], [10].

Da schon von diesen Waffenschmieden frühzeitig erkannt wurde, daß die Festigkeit von Bronzeklingen gesteigert werden kann, wenn sie warm behandelt und kalt hämmern werden, waren diese kaltverfestigten Bronzen bis in die 2. Hälfte des 1. Jahrtausends v. u. Z. noch härter als das aufkommende Eisen [3], [12]. Somit waren da die Bronzewaffen auch noch die entscheidenden blanken Waffen. Mit den aufkommenden Schusswaffen in der Mitte des 14. Jahrhunderts in Verbindung steht ein deutlicher Rückgang von diesen, ob aus Bronze, ob aus Eisen, Gusseisen bzw. Stahl. Dank der Bronzegießer und Waffenschmiede blieben blanke Jahrhunderts in Verbindung steht ein deutlicher Rückgang von diesen, ob aus Bronze, ob aus

[1] Meyers Konversations-Lexikon, Bronze, III. Band, S. 459/461, Leipzig: Bibliographischen Instituts 1886.
[2] Meyers Lexikon, Zweiter Band, Bronze, Sp. 916/917, Leipzig: Bibliographisches Institut 1925.
[3] Lietzmann, K.-D.; Schlegel, J.; Hensel, A. Metallformung, Leipzig: Dt. V. f. Grundstoffindustrie 1983.
[4] Berliner Siegessäule, de.wikipedia.org/wiki/Berliner_Siegessäule, 06.09.2010.
[5] Restaurierung der Berliner Siegessäule, mdr sachsenspiegel vom 02.09.2010.
[6] El Ángel de la Independencia, de.wikipedia.org/.../ El_Ángel_de_la_Independencia, 06.09.2010.
[7] Einsiedel, R.: Kunsthandwerkliche Kupferschmiedearbeiten, Leipzig: Fachbuchverlag 1988.
[8] Karl-Marx-Monument, de.wikipedia.org/wiki/Karl-Marx-Monument, 18.09.2010.
[9] US Marine Corps War Memorial,de.wikipedia.org/./United_States_Marine_Corps_War_Memorial, 6.9.10.
[10] United States Marine Corps War Memorial ..., www.flickr.com/photos/wallyg/3655504025/, 06.09.2010.
[11] The Marine Corps War Memorial, www.marines.mil/unit/barracks/pages/warmemorial.aspx , 06.09.2010.
[12] Engels, S.; Nowak, A.: Auf der Spur der Elemente, Leipzig: Deutscher Verlag für Grundstoffindustrie 1983.

Eisen, Gusseisen bzw. Stahl. Dank der Bronzegießer und Waffenschmiede blieben blanke Waffen bis heute erhalten, indem sie zuerst Kampfwaffen in eine Zusatzbewaffnung wandelten und folgend auch noch Prunk- und Repräsentationswaffen schufen [1].

Hinweise über Metallkanonen (möglicherweise in Bronze) führen in das Jahr 1326 und nach Florenz [2], [3]. Ihre Herstellung und Anwendung in Bronze ist für das Spätmittelalter (1250 bis 1500) allgemein bekannt. Auch der achtkantige Lauf der ersten nachgewiesenen (etwa um das Jahr 1350 hergestellten) europäische Handfeuerwaffe, die Tannenberg-Büchse, aus der ostpreußischen Burg Tannenberg, bestand aus Bronze [4].

Für Deutschland sind sowohl namhafte Bronze- und Geschützgießereien um 1400 in Augsburg und Nürnberg wie auch 1401in Marienburg (Westpreußen) ausgewiesen, die bronzene Geschützrohre zu gießen verstanden [2].

Daß für Feuerwaffen viel Bronze erforderlich war, zeigen die folgenden Beispiele. So wurden für die Riesenkanone Faule Mette von Braunschweig aus dem Jahr 1411 (Kaliber 760 mm, Länge 2.900 mm) rd. 8.000 Kilogramm [5] benötigt, für die burgundische Bombarde aus dem Jahr 1474 (Kaliber 226 mm; Gesamtlänge 2.548 mm) waren es 2.441 Kilogramm; für die Bombarde des Johanniterordens vom Ende des 15. Jahrhunderts (Kaliber 580 mm, Länge 1.920 mm) 3.325 Kilogramm [3], für die Kartaunen des 15./16. Jahrhunderts (Kaliber 120 bis 220 mm, Rohrlängen 17 Zoll) etwa 1.500 bis 4.000 Kilogramm [6], für die Scharfmetze von 1524 auf der Festung Ehrenbreitstein 10.000 Kilogramm [7], für die Zarenkanone Puschka (Kaliber 890 mm; Außendurchmesser 1.200 mm, Rohrlänge 5.340 mm) von 1586, die vermutlich nie schoss, sogar 39.312 Kilogramm [1], [8].

Bronze wurde für Geschütze nicht nur wegen ihrer bedeutenden Zähigkeit auch noch im 19. Jahrhundert verwendet, sondern insbesondere weil unbrauchbar gewordene bronzene Rohre bzw. ganze Kanonen sich mit geringem Materialschwund zum Neuguss wieder verwenden lassen. Nachteilig bei ihr ist das werkstoffbedingte Ausschießen, ein Ausschmelzen von Zinn aus der Bronze, verbundenen mit einer Verringerung an Treffsicherheit. Und durch Weiten von Geschützrohren aus Bronze (bestehend aus 92-90 % Kupfer und 8-10 % Zinn) erhielt diese eine Verdichtung, Festigkeit, Härte, Zähigkeit, die dem Gussstahl ähnlich ist [2], [3]. In Deutschland wurden solche Hartbronzerohre (Stahlbronzerohre) seit 1878 hergestellt. Trotz der Etablierung des Flussstahles verwandten um 1887 die europäischen Staaten Deutschland, Frankreich, Italien, Österreich, Russland, Spanien, England für das Rohrmetall von Geschützen auch noch Hartbronze, ihre Gewichte lagen zwischen 299 bis 487 Kilogramm [2].

Um 1925 wurde bei den Bronzen unterschieden in Walzbronze mit 94 Kupfer und 6 Zinn; Phosphorbronze mit 89 Kupfer, 10 Zinn, 1 Phosphorkupfer (vierprozentig); Maschinenbronze hart mit 87 Kupfer, 9 Zinn, 4 Zink, weich mit 85 : 22 : 4; Flanschenbronze mit 91 : 5 : 4;

[1] Lietzmann, K.-D.; Schlegel, J.; Hensel, A. Metallformung, Leipzig: Dt. V. f. Grundstoffindustrie 1983.
[2] MKL, Bd. 7, 1887, Die Anfertigung der Geschütze, S. 218/220, Geschichtliches S. 221/223.
[3] ML, Bd. 5, 1926, Die Bestandteile der Geschütze, Sp. 50/54, Geschichtliche Entwicklung, Sp. 54/61.
[4] Faule Mette – Wikipedia, de.wikipedia.org/wiki/Faule_Mette, 08.09.2010.
[5] Kartaune – Wikipedia, de.wikipedia.org/wiki/Kartaune, 08.09.2010.
[6] Scharfmetze – Wikipedia, de.wikipedia.org/wiki/Scharfmetze, 08.09.2010.
[7] Werkstatt eines Stückgießers, www.vdsk.eu/Galerie/Geschützgalerie.htm, 08.09.2010.
[8] Spiridonov, A. A.: Kupfer in der Geschichte der Menschheit, Leipzig: Dt. Verl. f. Grunstoffindustrie 1982.

hart mit 87 Kupfer, 9 Zinn, 4 Zink, weich mit 85 : 22 : 4; Flanschenbronze mit 91 : 5 : 4; Glockengut 75 bis 80 Kupfer : 25 bis 20 Zinn; Kanonengut 90 bis 91 : 10 bis 9; Hartbronze 92 : 8; Madaillienbronze 90 bis 98 : 10 bis 2; Münzbronze 92 bis 92 : 8 bis 5; Spiegelmetall bis 65 : 35 [1].

Daß Bronze ein klingendes Metall ist wurde früh und überall erkannt [2]. Mit ihren rund 11.700 Kilogramm und 2,58 Meter Durchmesser zählt die Marie Gloriosa aus dem Erfurter Dom mit zu den zehn größten Glocken, neben: Zar Kolokol (202.000 Kilogramm; Moskau; 1733), Die Dicke (rd. 114.000, Kaisertempel Osaka, 1900), Die Große (62.500, Glockentempel Peking, 1403), World Peace Bell, Millenniumsglocke (33.285, Newport, Kentucky, 1998), St. Peter, auch Petersglocke, Decken Pitter (24.200, Köln, 1924), Pummerin (21.380, St. Stephansdom Wien, 1711 [Neuguss: 1951]), St. Peter (rd. 16.000, Rom, 1775), Marie (12.800, Paris, 1680), Große Glocke (10.550, Berner Münster, 1611) [3].

Und mit der Verfügbarkeit der Bronze entwickelten sich blanke Waffen, wie Äxte, Pfeile, Spieße, Speere, Lanzen, Schwerter, Dolche etc., sowie schützende Teile der Bewaffnung, wie Helme, Schilde, Harnische, Panzerungen. Hergestellt wurden sie von Schwertschmieden (den so genannten Schwertfegern und Schildmachern) mit hohem Wissen und Können zum Umgang mit Kupfer-Zinn-Legierungen [4], [5], [6].

Ansehnliche Zeugnisse sind auch ein Hirschzepter aus Alaca Hüyük (um 2400-2500 v. u. Z.), der Bronzekopf eines Königs von Akkad (um 2400 v. u. Z.), eine Tänzerin aus Mohendjo Daro (um 2300 v. u. Z.), ein Bronzehelm des Königs Saradur II. von Urartu. Viel Bronze wurde ebenso bei bronzenen Tempeltoren benötigt [7], [8], wovon die Tür des Tempels des Romulus (4. Jh.) erhalten ist [5]. Bedeutsam sind auch die ehrenen Türen des Pantheon in Rom (erbaut 118-125), deren Flügel 7,27 Meter hoch und 2,15 Meter breit waren, nebst der Bronzeverkleidung der Kuppel, aus der Papst Urban VIII. (1568-1644) im Jahre 1632 achtzig Kanonen und einige Säulen für den Petersdom gießen ließ [8]. Hinzu gehörig sind auch die Türen von St. Mark's Cathedral in Venedig aus Konstantinopel [8], [9].

Zu den aus dem Mittelalter stammenden zählen außerdem die zweiflügelige bronzene 3,93 Meter hohe Wolfstür des Aachener Doms mit Bronzelöwenköpfen als Türknäufen aus der Karolinger Zeit (um 800) [7], [10], die auf das Jahr 1015 datierte zweiflügelige bronzene Bernwardstür im Westportal des Hildesheimer Doms (mit den Maßen links 472 x 125 cm und rechts 472 x 114,5 cm) [7], [11], das Bronzeportal des 1065 geweihten ottonischen Doms [12], die romanische Bronzetür im Südportal der Kathedrale in Gnesen (Gniezno, Polen) [13]

[1] Meyers Lexikon, Zweiter Band, Bronze, Sp. 916/917, Leipzig: Bibliographisches Institut 1925.
[2] Schilling, M.: Glocken und Glockenspiele, Rudolstadt: Greifenverlag 1985.
[3] Geschichtlicher Überblick zur Entwicklung von Bronzeglocken, GRIN-Verlag; Archivnummer: V142071.
[4] Lietzmann, K.-D.; Schlegel, J.; Hensel, A. Metallformung, Leipzig: Dt. V. f. Grundstoffindustrie 1983.
[5] MKL, Bd. 7, 1887, Die Anfertigung der Geschütze, S. 218/220, Geschichtliches, S. 221/223.
[6] ML, Bd. 5, 1926, Die Bestandteile der Geschütze, Sp. 50/54, Geschichtliche Entwicklung, Sp. 54/61.
[7] Bronzetür, de.wikipedia.org/wiki/Bronzetür, 09.09.2010.
[8] Pantheon in Rom, en.wikipedia.org/wiki/Pantheon,_Rome, 09.09.2010.
[9] Mittelalterliche Bronze Doors in italienischen Kirchen, 09.09.2010.
[10] www.baufachinformation.de/denkmalpflege.jsp?, 09.09.2010.
[11] Bernwardstür, de.wikipedia.org/wiki/Bernwardstür, 09.09.2010.
[12] Bronzetür des Augsburger Domes, de.wikipedia.org/.../Bronzetür_des_Augsburger_Domes, 09.09.2010.
[13] Gnesener Bronzetür, de.wikipedia.org/wiki/Gnesener_Bronzetür, 09.09.2010.

aus der Zeit zwischen 1160 und 1180, deren linker Flügel aus einem einzigen bronzenen Gussteil von 328 x 84 x 1,5 cm besteht und deren rechter Flügel von fast gleichem Ausmaß aus 24 Gussteilen zusammengefügt ist [1], [2], die berühmte, vermutlich zwischen 1152 und 1156 in Magdeburg gegossene, Bronzetür der Sophienkirche in Nowgorod (Russland) [1], [3]. Übrigens, korinthische Bronzetüren sollen möglicherweise Türflügel mit der Größe von 2,31 x 9,24 x 0,06 Metern und einem Gewicht bis zu zehn Tonnen besessen haben [4].

Daß Bronzeartefakte jahrtausende erhalten geblieben sind, dies ist ihrem hohen Kupferanteil zu verdanken, denn dieser schützt sie vor Zerstörung durch einen sich ausbildenden Edelrost, die Patina [5]. Und wie Bronzewaren des Hochmittelalters in hoher Qualität entstanden, dies beschreibt Theophilus Presbyter (Rogerus von Helmarshausen) um 1110 in seiner Schedula diversarum artium (Notizen der verschiedenen Künste) [6].

Grundsätzlich gilt: Das erworbene metallurgische und werkstoffkundliche Wissen zur Bronze resultiert eigentlich aus einem jahrtausende langen Umgang der Erzarbeiter, Bronzegießer und Metallschmiede mit Kupfer-Zinn-Legierungen.

Auf dem langen Weg von der grauen Vorzeit bis hinein ins 20. Jahrhundert führte die Empirie u. a. zu folgendem Erfahrungsstand: echte Bronzen sind dichter, härter, polierfähiger, klingender, schmelzbarer und gießfähiger als reines Kupfer, mit steigendem Zinngehalt nimmt ihre Härte (27 bis 30 %) wie auch die Sprödigkeit (bis 50 %) zu und bis zu einem gewissen Grade auch die Festigkeit, während die Zähigkeit und Bildsamkeit sich vermindern, letztere bereits bei sechs Prozent Zinn verschwindet.

Durch Abschrecken nach dem Erwärmen auf Dunkelrotglut (Anlassen) verliert sie einen Teil der Härte und Sprödigkeit, sie wird dadurch weicher, schmiedbarer, biegsamer, zuweilen zäher, dunkler, tiefer klingend. Ein Bleizusatz macht sie leichtflüssiger, zäher, feilbarer, dehnbarer, ferner befördert dieser die Kupferausscheidung, überdies machen bereits kleine Eisen- bzw. Zinkanteile (jeweils maximal bis zwei Prozent) sie härter, zäher, blasenfreier, wobei höherer Zinkgehalt ihre Farbe erhöht und sie dem Messing nähert und, daß der Zusatz von Phosphor ihre Eigenschaften am meisten beeinflußt (zusammengestellt aus [7] bis [11]).

Auch darauf soll hingewiesen werden: Der Wert und die Beständigkeit der Bronze kommen ebenso in ihrer Verwendung für Medaillen zur Auszeichnungen für hervoragende sportliche, wissenschaftliche, berufliche oder kulturelle Leistungen zum Ausdruck. Das Interessante daran ist, daß nach Vergabe der Edelmetalle Gold und Silber für die Erst- und Zweitplazierten die Drittplazierten mit der Medaille aus der ersten Legierung, der Bronze, geehrt werden.

[1] Bronzetür, de.wikipedia.org/wiki/Bronzetür, 09.09.2010.
[2] Gnesener Bronzetür, de.wikipedia.org/wiki/Gnesener_Bronzetür, 09.09.2010.
[3] Weliki Nowgorod, de.wikipedia.org/wiki/Weliki_Nowgorod, 09.09.2010.
[4] Der Tample von Jerusalem von Salomon bis Herodes, books.google/books?isbn=900406472…, 09.09.2010.
[5] Einsiedel, R.: Kunsthandwerkliche Kupferschmiedearbeiten, Leipzig: Fachbuchverlag 1988.
[6] Spiridonov, A. A.: Kupfer in der Geschichte der Menschheit, Leipzig: Dt. Verl. f. Grunstoffindustrie 1982.
[7] Meyers Konversations-Lexikon, Bronze, III. Band, S. 459/461, Leipzig: Bibliographischen Instituts 1886.
[8] Meyers Lexikon, Bronze, Zweiter Band, Sp. 916/917, Leipzig: Bibliographisches Institut 1925.
[9] Lietzmann, K.-D.; Schlegel, J.; Hensel, A. Metallformung, Leipzig: Dt. Verl. f. Grundstoffindustrie 1983.
[10] Engels, S.; Nowak, A.: Auf der Spur der Elemente, Leipzig: Deutscher Verlag für Grundstoffindustrie 1983.
[11] Wilsdorf, H.: Montanwesen – Eine Kulturgeschichte, Leipzig: Edition Leipzig 1987.

Überblick zur Verwendung von Kupfer und Zinn in der Antike.

Einen Überblick zur Verwendung von Kupfer und Zinn in der Antike gibt die Tafel 1.

Kupfer
Herstellung von Arbeitsgeräten und Werkzeugen, Haushaltgeräten; Verwendung zur Bronzeherstellung und Fertigung von Bronzewerkzeugen, Bronzewaffen, Bronzestatuen, Bronzegeräten; Kupfertafeln und Kupferplatten; militärischer Bedarf: Metallteile für Belagerungsgeräte, Verteidigungsanlagen, Pinken, Streitäxte, Schwerter, Wurfspieße, Pfeilspitzen, Helme, Schilde, Rüstungen, Beinschützer, Harnische, Trompeten; Schiffsbau: Schiffsbeschläge, Fischereigeräte, Harpunen; Bergbau: Bergbauausrüstungen: Werkzeuge, Beschläge; Bauwesen: Nägel, Stifte, Klammern, Bleche, Platten; Hausbedarf: Gefäße zur Aufbewahrung von Flüssigkeiten Nadeln, Ahlen, Becher; Palast- und Tempeltore, Glocken, Legierungs- und Münzmetall [*1)] [92].
Zinn
Spiegelherstellung, Gefäße für Arznei, Geschirre, Becher, vorwiegender Einsatz zur Bronzeherstellung, Herstellung kosmetischer Mixturen, Anfertigung komplizierter Formen, Medaillen wie auch Münzmetall [*2)] [92].

[*1)] Kupfer ist neben Gold und Silber das am häufigsten verwendete Münzmetall, insbesondere verwendet zur Prägung von Umlaufmünzen. Beliebt ist es auch beim Sterlingsilber (92,5 % Ag; 7,5 % Cu) und Billon (Kupfermatrix; unter 50 % Ag) wie auch bei mit Kupfer geprägten Goldmünzen (Rotgold: 33,3-58,5 % Au, bis 30 % Cu und 35 % Ag), mit Silber (Grüngold: 33,3 %, meist 58,5-75 % Au; 41,5-25 % Ag), mit Kupfer und Silber (Gelbgold: 33,3-75 % Au; 53,4-12,5 % Ag; 13,3-12,5 % Cu), mit Zink u. Nickel (Neusilber: 45-65 % Cu; 5-45 % Zn; 10-25 % Ni) oder Palladium, Weißgold (65-80 % Au; 35-20 % Pd oder 33,3-75 % Au, bis 66,7 % Ni, bis 10 % Cu und Sn).

[*2)] Zinn wurde und wird selten für Münzen, aber häufig bei Medaillen verwendet, weil es ein sehr weiches Metall ist. Bei der Münzherstellung selbst ist es meist Bestandteil von verschiedenen Münzlegierungen. Gegen reine Zinnmünzen bzw. die mit hohem Zinngehalt sprechen die beiden Zinn-Modifikationen (α-Sn; β-Sn).

Tafel 1: Überblick zur Verwendung Kupfer und Zinn in der Antike, Auszug aus [25].

[25] Piersig, W.: Die sieben Metalle des Altertums, Schweißtechnik 39 (1989), H. 7, US-Innenseiten.
[92] Piersig, W.: Fußnoten zur Verwendung der sieben Metalle des Altertums, Notiz AU: 2010.
[93] Periodensystem Silber, http://www.seilnacht.com/Lexikon/47Silber.htm, Abruf: 2/2010.

Begriffsbestimmung Bronze.

Bronze ist ein Legierung. Sie zählt ebenso wie die sieben Metalle der Antike Gold, Silber, Kupfer, Zinn, Blei, Eisen, Quecksilber zu den bedeutendsten Werkstoffen des Altertums. Bronze steht als Bezeichnung für Legierungen aus Kupfer und Zinn, wobei anzumerken ist, die klassische Bronze ist stets eine Zweistofflegierung dieser beiden Metalle. Entlehnt ist der Name aus dem Italienischen „bronzo". Frühzeitliche Bronzen enthalten auch Blei bzw. andere Element, was auf die Erzzusammensetzung zurückzuführen ist. Um technische Forderungen zu erfüllen, kam es zu weiteren Zusätzen, u. a. Blei, Zink, Nickel, Eisen, Mangan, Beryllium, Aluminium, Silicium, Phosphor (Tafel 2, Seite 12).

Heutzutage gilt: echte Zinnbronzen sind kupferreiche Legierungen mit Zinn (meist mit 83,5 bis 90,0 Prozent Kupfer, dreizehn bis neun Prozent Zinn [1] bzw. zehn bis zwölf [2], früher bis 22 Prozent [3]). Bei technischen Bronzen wird heute gegliedert in Knet- (bis zehn Prozent Zinngehalt) und Gußlegierungen (bis 22 Prozent Zinn) [1]. Rotguss, der neben Kupfer und Zinn auch Zink, Blei sowie Nickel enthält, wird auch zur Gußbronze gerechnet [1], [4].

Bronze hat einen Schmelzpunkt, korrekter ein Schmelzintervall, abhängig vom Zinngehalt, der in den meisten Fällen im Bereich von 850 bis 1.000 °C liegt. In der Regel haben sie eine mittlere Dichte von 8,75 Gramm pro Kubikzentimeter. Außerdem haben sie eine dem Zinn nahekommenden elektrischen Leitfähigkeit [4] (Tafel 3, Seite 13) und eine mittlere, dem Zink naheliegende thermischen Leitfähigkeit (Tafel 4, Seite 14) [5], [6], [7]. Erstaunlicherweise ergeben die hohe elektrische Leitfähigkeit des Basismetalls Kupfers mit dem Zinn nur den Wert der Sekundärkomponente. Und aus der Tafel für die Wärmeleitfähigkeit spricht, ein+e höhere liefert eine größere (schnellere) Wärmeübertragung pro Zeiteinheit, was bei der Werkstoffwahl (z. B. der Bronze), bedeutsam sein kann.

Da Zinn gegenüber Gold, Silber, Kupfer und Eisen höchst selten gediegen vorkommt, waren für die Gewinnung und Verarbeitung die Bändigung des Feuers sowie Metallurgiekenntnisse Grundvoraussetzungen. Durch die große Verstreutheit der Zinnerze und ihrer überwiegenden Entferntheit von den Fundorten des Kupfers, erfolgten sowohl die Metallurgie des Zinns wie auch die der Bronze meist entfernt der Abbaugebiete dieses Legierungsmetalls. So führten es die Ägypter Zinn u. a. aus Persien ein, von den Phöniziern wurde es aus Spanien und von den Kisseteriden, wie die Britischen Inseln damals hießen, mitgebracht. Begehrt, gesucht und beliebt war Zinn auch dadurch, daß es sich wie kaum ein anderes Metall, leicht schmelzen, gießen, legieren, bearbeiten lässt. Außerdem war und ist dieses Metall durch seine Resistenz und Ungiftigkeit stets gefragt. Ebenso, weil ohne Zinn kein Schwert, kein Schild gehalten, keine Glocke ihren wohlklingenden Klang, ihre gute Haltbarkeit bekommen hätte [9], [10].

[1]   Kupfer-Zinn- und Kupfer-Zinn-Zink-Gußlegierungen (Zinnbronzen), DKI, i.25, Düsseldorf 12/2004.
[2]   Lexikon der Werkstoffe, www.korros.de/Werkstoffe, 31.08.2010.
[3]   Eisenkolb, F.: Einführung in die Werkstoffkunde, Bd. IV. Nichteisenmetalle, Berlin: Verlag Technik 1961.
[4]   Meyers Lexikon, Zehnter Band, Rotguss, Sp. 588, Leipzig: Bibliographisches Institut 1929.
[5]   Elektrische Leitfähigkeit von Metallen, www.seilnacht.com/Lexikon/leitf.htm, 31.08.2010.
[6]   Thermische Leitfähigkeit der chemischen Elemente, www.seilnacht.com/Lexikon/waermel.htm, 31.08.10.
[7]   Wärmeleitfähigkeit von Bronze, www.prymetall.com/deutsch/high_performance_legierungen.pdf, 31.08.10.
[8]   Wärmeleitfähigkeit von Metallen, Sonstige Stoffe, de.wikipedia.org/wiki/wärmeleitfähigkeit, 31.08.2010.
[9]   Schilling, M.: Glocken und Glockenspiele, Rudolstadt: Greifenverlag 1985.
[10] Spiridonov, A. A.: Kupfer in der Geschichte der Menschheit, Leipzig: Dt. V. f. Grundstoffindustrie 1982.

Name der Legierung - Komponenten zu Kupfer (1) - Eigenschaften (2) - Verwendung (3)

Gusszinnbronze: (1) bis 22% Zinn, vorwiegend 10 bis 12 % Zinn, Dichte etwa 8,8kg/dm³.
(2) elastisch, zäh, korrosionsbeständig;
(3) überwiegend als Formguss, bis 6% Zinn kalt walzbar zu Blechen
und Prägevormaterial (Medaillen, Münzen), Drahtziehen bis 10 %
Zinn, Glockenguss (Glockenbronze: etwa 20 bis 24 %
Zinn), historisch ist Kanonenbronze, ebenso
Klanginstrumente, Statuenbronze für Kunstguss (Kleinbronzen,
Denkmale). **Aluminiumbronze**: (1) 5 bis 10 % Aluminium,
(2) seewasserbeständig, verschleißfest,
elastisch, leicht magnetisch, goldfarben;
(3) Federblech, Waagebalken, Schiffpropeller,
Chemieindustrie. **Bleibronze**: (1) bis zu 26 % Blei;
(2) korrosionsbeständig, gute
Gleiteigenschaften; (3) Lagermetall, Verbund-
und Formgusswerkstoffe, antike Bronzemünze enthielt häufig Blei, dem
nicht alles Silber abgetrieben wurde. **Manganbronze**: (1) 12 % Mangan;
(2) korrosionsbeständig,
hitzebeständig; (3) elektrische Widerstände (in den USA trotz des in
manchen Legierungen enthaltenen Zinkanteils von 20 bis 40 % als
manganese bronze bezeichnet, z. B. bei einigen von Ampco hergestellten
Werkstoffen). **Siliziumbronze**: (1) 1 bis 2 % Silizium;
(2) mechanisch und chemisch hoch beanspruchbar, hohe
Leitfähigkeit; (3) Oberleitungen, Schleifkontakte, Chemieindustrie.
Berylliumkupfer (Berylliumbronze):
(1) 2 % Beryllium;
(2) hart, elastisch,
(3) Federn, Uhren, funkenfreie Werkzeuge.
Phosphorbronze: (1) 7 % Zinn; 0,5 % Phosphor;
(2) hohe Dichte und Festigkeit;
(3) zähfeste Maschinenteile, Achsenlager, Gitarrensaiten.
Leitbronze: (1) Magnesium, Cadmium, Zink (gesamt 3 %);
(2) elektrische Eigenschaften ähnlich Kupfer, jedoch zugfester;
(3) Freileitungen, Starkstromanlagen.
Rotguss: (1) Zinn, Zink, Blei (gesamt 10 bis 20 %);
(2) korrosionsbeständig, gute Gleiteigenschaften und Gießbarkeit;
(3) Armaturen, Schneckenräder, Kunst.
Konstantan: (1) 40 % Nickel;
(2) temperaturunabhängige Leitfähigkeit;
(3) elektrische Widerstände.
Korinthisches Erz (corinthium aes):
(1) 1-3 % Gold, 1-3 Silber, manchmal wenige Prozent Arsen; Zinn oder Eisen;
(2) durch Patinieren schwarz färbbar;
(3) historischer Werkstoff für Statuen und Luxusartikel (Antike).
Potin: (1) hoher Zinngehalt, enthält neben Silber, Blei auch Spuren anderer Metalle;
(3) wurde von den Kelten zum Gießen von Potinmünzen benutzt.

Tafel 2: Überblick zu den Bronzelegierungen [1]

[1] Bronze – Wikipedia, Bronzelegierungen – Geschichte – Verwendung, de.wikipedia.org/wiki/Bronze, 8/2010.

Stellung		Elektrische Leitfähigkeit in Siemens $\cdot$ m^{-1} $\cdot$ 10^{-1}
1	Silber	62,89
2	Kupfer	59,77
3	Gold	42,55
4	Aluminium	37,66
5	Calcium	29,15
6	Beryllium	23,81
7	Natrium	21,50
8	Magnesium	22,62
9	Rhodium	22,17
10	Molybdän	19,20
11	Iridium	18,83
12	Wolfram	17,69
13	Zink	16,90
14	Kobalt	16,02
15	Nickel	14,60
16	Cadmium	13,30
17	Kalium	13,14
18	Ruthenium	13,12
19	Osmium	12,31
20	Indium	11,94
21	Lithium	11,69
22	Eisen	10,29
23	Platin	9,48
24	Palladium	9,24
25	Zinn	9,09
26	Bronze	9,00 [2]

Tafel 3: Elektrische Leitfähigkeit der besten 25 Metalle und Bronze bei 20 Grad Celsius [1].

[1] Elektrische Leitfähigkeit von Metallen, www.seilnacht.com/Lexikon/leitf.htm, 31.08.2010.
[2] Elektrische Leitfähigkeit, Bronze, www.prymetall.com/deutsch/high_performance_legierungen.pdf, 31.8.10.

Stellung		Wärmeleitfähigkeit λ in W $\cdot$ m^{-1} $\cdot$ K^{-1}
1	Diamant	2302
2	Silber	429
3	Kupfer	401
4	Gold	314
5	Aluminium	236
6	Magnesium	170
7	Wolfram	167
8	Silicium	148
9	Molybdän	138
10	Kalium	135
11	Natrium	133
12	Zink	110
13	Bronze	100 ... 62,4
14	Nickel	85
15	Eisen	80,2
16	Platin	71
17	Zinn	67
18	Tantal	54
19	Blei	35
20	Titan	22
21	Bismut	8,4
22	Quecksilber	8,3

Tafel 4: Wärmeleitfähigkeit der besten 20 Metalle [1], Bronze [1, 3] und Diamant [1]
bei 0 °C.

[1] Wärmeleitfähigkeit von Metallen, Sonstige Stoffe, de.wikipedia.org/wiki/wärmeleitfähigkeit, 31.08.2010.
[2] Thermische Leitfähigkeit der chemischen Elemente, www.seilnacht.com/Lexikon/waermel.htm, 31.08.2010.
[3] Wärmeleitfähigkeit v. Bronze, www.prymetall.com/deutsch/high_performance_legierungen.pdf, 31.08.2010.

Charakteristik der die Legierung Bronze bildenden Metalle Kupfer und Zinn.

Das Legierungsmetall Kupfer.

Zur Charakterisierung des Legierungsmetalls Kupfer dienen die zehn folgenden Thesen:

Ersten - Kupfer ist ein chemisches Element mit dem Elementsymbol Cu (abgeleitet vom lateinischen Namen cuprum) und der Ordnungszahl 29. Im Periodensystem der Elemente steht es in der 4. Periode und der 1. Nebengruppe (nach neuer Zählung Gruppe 11) oder Kupfergruppe. Es zählt außerdem zu den Übergangsmetallen [*) (S. 16)]. Als hervorragender Wärmeleiter fand es bereits seit dem Altertum bis jetzt vielseitige Verwendung. Und der ausgezeichneten Stromleitung wegen wird es seit dem 19. Jahrhundert in der Elektrotechnik und heute im 21. Jahrhundert in den elektronischen Hochtechnologien breit zum Einsatz gebracht. Fernerhin zählt Kupfer auch zur Gruppe der Münzmetalle, und als schwach reaktives Schwermetall gehört es dazu zu den Edelmetallen.

Zweitens - Kupfer bildet bei der Bronze das Basismetall [1], außerdem eröffnete es wohl die Ära der Metallurgie [2]. Dazu kommt, Kupfer ist das einzig rot aussehende Metall. Von dem schon die Metallurgen der Vorzeit bzw. Kupfer- und Bronzezeit ihr weiches, dehnbares, zähes wie auch verdünnbares Verhalten sowie ihr braunrotes, durch Legieren variierbares Glänzen kennen und schätzten lernten. Klassifiziert nach der Dichte, gehört es zu den Schwermetallen. Sein deutscher Metallname stammt vom Lateinischen „cuprum", das zuerst von Spartanius um 290 v. u. Z. gebraucht wurde und auf das assyrische Wort „Kipar" zurückzuführen sein soll. Fraglicher ist die Benennung nach der Insel Zypern. Danach soll sein lateinischer Name cuprum, so wird z. T. angenommen, vom Namen „aes cyprium", wie die Römer es nannten [1] und was übersetzt Erz aus Zypern heißt, stammen [3], [4]. Diese These wird nicht allgemein getragen, denn das Wort Kipar ist älter als der Name der Insel Zypern [5].

Drittens – Kupfer, Gold, Silber und Zinn waren die ersten Metalle, die die Menschen in ihrer Entwicklung kennenlernten. Da das zu den Buntmetallen gehörende Kupfer sowie das zu den Schwer- bzw. Buntmetallen zählende Zinn, leicht zu verarbeiten ist, wurde dieses bereits von den ältesten Kulturen vor etwa 10.000 Jahren, ergo 8.000 v. u. Z., in der Steinzeit verarbeitet und verwendet [1]. So wurde es seinerzeit mit gleichen Methoden bearbeitet, wie sie für die Bearbeitung von Steinen entwickelt waren [7] und Kupfer blieb fast 5.000 Jahre das erste, einzig genutzte Metall [6]. Größter Kupferhersteller war vom 8. Jahrhundert v. u. Z. bis zum 7. Jahrhundert u. Z. das Römische Reich mit einer geschätzten Jahresproduktion von 15.000 Tonnen [8]. Aus diesem Metall wurden die ersten Spiegel gefertigt. Beispielsweise stellten die Menschen auch seit der grauen Vorzeit und dies lange Zeit weiter verschiedenartige Gegenstände, wie Werkzeuge, Waffen, Gebrauchsgegenstände, Schmuck, nur aus lauterem

[1] Spiridonov, A. A.: Kupfer in der Geschichte der Menschheit, Leipzig: Dt. V. f. Grundstoffindustrie 1982.
[2] Kupfer – Werkstoff der Menschheit, DKI-Informationsbroschüre, Auflage 2007.
[3] Holleman, A. F.; Wiberg, E.: Lehrbuch der Anorganischen Chemie, B.; NY.: W. de Gruyter 1985.
[4] Hirl, F.; Glockeisen, I.: Kupfer, Vortrag, Uni. Regensburg, LS Prof. Dr. A. Pfitzner, SS 2008, Kupfer, http://www.chemie.uni-regensburg.de/Anorganische.../FHIG_Kupfer.pdf, Abruf: 3/2010.
[5] Meyers Lexikon, XI. Band, Spalte 340/356, Kupfer, Kupferlegierungen., Leipzig: BI 1927.
[6] Kupfer – Vorkommen, Gewinnung, Eigenschaften, Verarbeitung, Verwendung, DKI i.004.
[7] Rutherford Online 2006: Elementbeschreibung Kupfer, www.uniterra.de/rutherford/ele029.htm.
[8] Hong, S.; Candelone, J.-P.; Patterson, C. C.; Boutron, C. F.: Hystory of Ancient Copper Smelting Pollution During Roman and Medieval Times Recorded in Greenland Ice, Science, Bd. 272, Nr. 5259, S. 246/249.

Kupfer her; ausschlaggebend war dabei, daß Kupfer an vielen Orten in größeren Mengen verfügbar war [1]. Später und heute wurde bzw. wird Kupfer meist in Form von Legierungen, d. h. als eine Kombination zweier verschiedener Atomsorten zu einem Mischkristall verwendet [2]. Auch das zeichnet Kupfer aus, es wird fast immer nur im weich geglühten, kalten Zustand durch Schmieden zur gewünschten Endform bearbeitet, bei Stahl ist es meist bloß durch eine oder mehrere Glühhitzen möglich [3].

Viertens - Auf Kupfer, das Übergangselement *), stießen die Menschen, indem in der Frühzeit noch die natürliche Erosion (also die Verwitterung und Abtragung) für die sukzessive Freilegung von gediegenen Metallen und ihren Erzen, besonders des natürlichen, gediegenen Kupfer sorgten. Aufgefunden wurde pures Kupfer in draht-, moos- sowie baumförmiger Form, in Platten, Körnern, Klumpen (sogar bis 420 Tonnen [4], [5]). Häufigerer Fall der Entwicklung ist, daß beide Legierungspartner, Kupfer und Zinn, als Erz gefunden und abgebaut wurden. Und mit der Feuerbeherrschung gelang den Metallurgen Kupfererzabbau, Kupfererzaufbereitung, Kupferschmelzen, Kupfergießen, Kupferverdünnen (Kupferlegieren).

Fünftens - Festzuhalten gilt, daß Kupfer und Zinn zu den nur zehn chemischen Elementen zählt, die im Gediegenen in geologisch relevantem Umfang zu finden sind. Ihre sehr gute Verformbarkeit gestattete den kupferzeitlichen Metallurgen bereits von den Anfängen der Metallzeit an pures Kupfer wie auch Zinn, welche möglicherweise nach den Edelmetallen Gold und Silber etwa 4000 v. u. Z, als drittes und viertes Metall hinzu kamen [5], [6], [7], im kalten Zustand zu formen. Ein solches Hämmern und/oder Walzen im kalten Zustand ist verbunden mit einer starken Härtezunahme. Die Geschmeidigkeit des Kupfer läßt sich wieder wieder herstellen, indem das bearbeitete Material auf 200 bis 300 Grad Celsius erwärmt wird. Ebenso ist eine problemlose Kupferbearbeitung (ohne Kalt- und Rotbrüchigkeit), d. h. ein Rissigwerden beim Hämmern in gewöhnlicher Temperatur oder in der Hitze, nur gegeben, wenn bestimmte Beimengungsgrenzen schädlicher Elemente nicht überschritten werden. Ein deutlicher Kaltbruch wird durch Kupferoxid ab einem Anteil von 2,25 %, Rotbruch ab 6,7 % erzeugt. Ein erhöhter Sauerstoffanteil ruft aber auch die so genannte Wasserstoffkrankheit hervor [3]. Starken Kaltbruch bewirkt aber auch schon 0,5 % Schwefel, deutlichen Rotbruch bereits 1,0 % Arsen, schwachen Rotbruch 0,3 % Blei, ebenso führen 0,02 % Anteile Wismut zu Rotbruch und 0,05 % zu Kaltbruch [5]. Zur plastischen Formgebung eignet sich somit am besten das Elektrolytkupfer, welches eine Reinheit von 99,98 % aufweist [3].

[1] Kupfer – Werkstoff der Menschheit, DKI-Informationsbroschüre, Auflage 2007.
[2] Holleman, A. F.; Wiberg, E.: Lehrbuch der Anorganischen Chemie, B.; NY.: W. de Gruyter 1985.
[3] Einsiedel, R.: Kunsthandwerkliche Kupferschmiedearbeiten, Leipzig: Fachbuchverlag 1988.
[4] Meyers Lexikon, XI. Band, Spalte 340/356, Kupfer, Kupferlegierungen., Leipzig: BI 1927.
[5] Kupfer – Vorkommen, Gewinnung, Eigenschaften, Verarbeitung, Verwendung, DKI i.004.
[6] Piersig, W.: Kupfer - Basismetall …, Fertigungstechnilk und Betrieb 38 (1988), H. 11, S. 695/696.
[7] Piersig, W.: Kurzer historischer Abriß des Kupferschmiedehandwerks, FuB 40(1990), S. 248/9.
*) Chemische Elemente mit den Ordnungszahlen von 21 bis 30, 39 bis 48, 57 bis 80 und 89 bis 112 werden normalerweise als Übergangselemente bezeichnet. Weil diese 40 Elemente alle Metalle sind, ist für sie auch der Ausdruck Übergangsmetalle gängig. Ihre Position im Periodensystem begründet auch ihren Bezeichnung, da sich für die dort positionierten Elemente der Übergang durch die aufeinanderfolgende Zunahme von Elektronen in den d-Atomorbitalen entlang einer Periode zeigt. Von der IUPAC werden sie deshalb auch als „Elemente, die eine unvollständige d-Schale besitzen oder Ionen mit einer unvollständigen d-Schale ausbilden" [8], definiert. Von ihnen sind eigentlich danach die Metalle Zink, Cadmium und Quecksilber keine Übergangselemente, da sie d^{10} Konfiguration besitzen. Traditionell wird jedoch die einfachere und weniger strikte Definition verwendet.
[8] IUPAC Compendium of Chemical Termilogy 2nd Edition (1977): transition metal. An element whose atom has an incomplete d sub-shell, or which can give rise to c ations with an incomplete d sub-shell. R. B. 43.

Sechstens – Kupfer ist auch Bestandteil vieler Kupferwerkstoffe, wie in den Legierungen Bronze (mit Zinn), Messing (mit Zink), Neusilber (mit Zink und Nickel). Unterteilt werden diese Kupferlegierungen in Gusswerkstoffe (Bronzen, Rotguss) und in Knetlegierungen (Messing, Neusilber), wobei die Kupferknetlegierungen in der Regel durch plastisches Umformen (Warmumformen: Walzen, Schmieden etc. oder Kaltumformen: Drahtziehen, Hämmern, Kaltwalzen, Tiefziehen etc.) in die gewünschte Form gebracht werden, wogegen die Kupfergusswerkstoffe meist nur schwer oder gar nicht plastisch formbar sind [1], [2], [3]. Entsprechend der Mohs´schen Skala hat es den Härtegrad 3 [4].

Siebentens – Kupfer wird für Münzen, Medaillen, Stromkabel, Leiterbahnen, Litzen, Wicklungen, Chips, Oberleitungen, Kontakte, Anodenkörper, Schmuck, Armaturen, Kessel, Behälter, Rohrleitungen, Heizrohre, Teile aus Oxygen Free Copper (OFC), Musikinstrumente, Sanitärinstallationen, Präzisionsteile, Dächer, Verkleidungen, Beschläge, Reflexionsspiegel, Kunstgegenstände, Kunsthandwerk, Lötkolben, Patronenhülsen und vieles mehr verwendet [5], [6], [7], [8].

Achtens – Kupfer hat als blankes Metall eine hellrote Farbe, seine Strichfarbe ist rosarot, an der Luft läuft es an und wird rötlichbraun, an feuchter Luft überlängere Zeiträume bildet sich die oberflächliche Patina, wobei sich die Farbe von rotbräunlich bis hin zum bläulichen Grün verändert. Sie schützt das darunterbefindliche Kupfer vor weiterer Korrosion [8].

Neuntens – Kupfer, welches anscheinend vor dem Gold, Silber, Zinn und Blei, von den Menschen in ihren Besitz und ihre Nutzung genommen wurde, legierten die vorantiken Metallurgen nach der Zeit seiner ausgedehnten Verwendung vom 5. Bis 3. Jahrtausend v. u. Z. mit Zinn zu der härteren, widerstandfähigeren Legierung Bronze. Und später im antiken Griechenland verstanden es die Metallarbeiter bereits Kupfer-Zink-Legierungen, also Messing schmelzmetallurgisch herzustellen.

Zehntens - Ihr goldgelbes Material wurde aber erst verstärkt durch die römischen Metallarbeiter in Anwendung gebracht [6], [8]. Zum Gebrauchsmetall wurde Kupfer, als die Metallarbeiter das Erschmelzen von Legierungen beherrschten. Erste Bronzen hatten nur einen sehr geringen Zinnanteil, nach und nach erhöhte sich dieser bis auf vierzehn Prozent (um 2500 v. u. Z.).   Und auch noch lange nachdem die antiken Schmiede das Eisen verarbeiten konnten, war Kupfer bzw. waren Kupferwerkstoffe wichtigste Gebrauchsmetalle. Bronze wurde bekanntermaßen nur sehr langsam vom Eisen verdrängt, denn noch im 18. und 19. Jahrhundert wurden viele Geschütze, Glocken, Gegenstände, Denkmäler aus ihr gegossen, bis sie der Gussstahl substituierte [4], [9], [10].

[1] Kupfer-Zinn-und Kupfer-Zinn-Zink-Gußlegierungen (Zinnbronzen), DKI i.25, 12/2004.
[2] Kupfer-Zinn-Knetlegierungen (Zinnbronzen), DKI-Informationsdruck i.15, Auflage 06/2008.
[3] Kupfer-Zink-Legierungen (Messing, Sondermessing), DKI-Informationsdruck i.5, Auflage 03/07.
[4] Rutherford Online 2006: Elementbeschreibung Kupfer, www.uniterra.de/rutherford/ele029.htm, 27.08.2010.
[5] Seilnacht.com/Lexikon/29Kupfer.htm, 27.08.2010.
[6] www.uni-protokolle.de/Lexikon.html, 27.08.2010.
[7] Kupfer – Vorkommen, Gewinnung, Eigenschaften, Verarbeitung, Verwendung, DKI i.004.
[8] Kupfer – Geschichte , Vorkommen, Gewinnung, Eigenschaften, de.wikipedia.org/wiki/Kupfer, 27.08.2010.
[9] Eisenkolb, F.: Einführung in die Werkstoffkunde, Band IV., Nichteisenmetalle, VI. Kupfer, S. 101/159,
     Berlin: Verlag Technik 1961.
[10] Engels, S.; Nowak, A.: Auf der Spur der Elemente, Leipzig: Deutscher Verlag für Grundstoffindustrie 1983.

Das Legierungsmetall Zinn.

Zur Charakterisierung des Legierungsmetalls Zinn dienen die zehn folgenden Thesen:

Erstens - Zinn ist ein chemisches Element mit dem Elementsymbol Sn (abgeleitet vom lateinischen Namen stannum) und der Ordnungszahl 50. Sein deutscher Metallname leitet sich von dem altnordischen Wort „tin" beziehungsweise von der althochdeutschen Bezeichnungen „zin", möglicherweise auch von dem Ausdruck „zein" ab, was für Stab, Stäbchen, Zweig oder Platte steht. Im Periodensystem der Elemente steht es in der 5. Periode sowie der 4. Hauptgruppe (nach neuer Zählung Gruppe 14) bzw. der Kohlenstoffgruppe [1], [2].

Zweitens - Zinn gehört nach den Betrachtungen in [3], [4] zu den sieben Metallen der Antike bzw. zu den zehn Metallen des Altertums [2]. Danach erfolgte schon früh die Verwendung von Zinn in Bronzen (Zinn-Kupfer-Legierungen). Zeugnisse dafür sind vielfältige Funde, wie verschiedenartigste Metallobjekte, Fragmente [5], erhaltengebliebene Beile, Geräte, Amulette, Gewandspangen, Lanzen-, Pfeil- und Speerspitzen, Hausrat [6], [7]) ab dem 3. Jahrtausend v. u. Z. Die ältesten Dokumente, die Zinn erwähnen, sind die Bibel und Homers Ilias. Nach ihm soll Achilles im Trojanischen Krieg zinnerne Beinschienen getragen haben.

Drittens - Zinn wurde am Ausgang der vorgeschichtlichen Periode, wahrscheinlich oft in Gemeinschaft von Spezialisten, wie Gold-, Silber-, Kupfer-, Zinn- bzw. Bronzegießern, mittels recht primitiver bis hin sehr vollkommener Verfahren hergestellt und kunstvoll verarbeitet. Diese frühen Erzsucher, Schmelzer und Schmiede waren nicht nur in der Lage Metalle herzustellen und zu verarbeiten, sondern sie konnten auch ihre Farbe, Härte, Schmelztemperatur durch Zusätze verändern. Empirisch ermittelten sie diejenigen Steine, Erze, später auch pure Metalle, die ihren Schmelzen, insbesondere ihren handwerklichen wie auch zunehmend gestalterischen Abgüssen, besonders günstige Eigenschaften vermittelten. Dies führte sie vom anfänglichen Verdünnen des Kupfers durch Arsenerze [5], Bleierze und/oder Zinnerze sowie metallisches Blei und/oder Zinn zu den Arsenbronzen, Bleibronzen, Zinnbronzen. [7], [8], [9].

Viertens – Zinn gehört wie Blei zu den niedrigschmelzenden Metallen, die frühzeitig sowohl als selbständige Metalle wie auch als Zweistofflegierungen angewendet wurden. Glaubhaft erscheint ebenso, dass Zinn mit dem seit dem 4. Jahrtausend v. u. Z. bekanntgewordenen, ebenfalls zu den niedrigschmelzenden Metallen gehörenden Antimon [9], und Blei in Dreistofflegierungen frühzeitig Bedeutung erlangte. Bekannt ist auch, dass reines Zinn in Griechenland, China und Japan im 18. Jahrhundert v. u. Z. genutzt und um 700 v. u. Z. in Ägypter als Zinnfolie zum Einwickeln von Mumien verwendet wurde. Über die Verwendung

[1] Zinn – Geschichte, Herstellung und Vorkommen, Eigenschaften, de.wikipedia.org/wiki/Zinn, 26.08.2010.
[2] Periodensystem: Zinn, www.seilnacht.com/Lexikon/50Zinn.htm, 26.08.2010.
[3] Piersig, W.: Die sieben Metalle des Altertums, Schweißtechnik 39(1989), H. 7, Umschlagseiten (innen).
[4] Piersig, W.: Die sieben Metalle der Antike. Gold. Silber. Kupfer. Zinn. Blei. Eisen. Quecksilber, GRIN 2009.
[5] Wilsdorf, H.: Montanwesen – Eine Kulturgeschichte, Leipzig: Edition Leipzig 1987.
[6] Lietzmann, K.-D.; Schlegel, J.; Hensel, A.: Metallformung, Leipzig: Dt. Verlag für Gundstoffindustrie 1983.
[7] Engels, S.; Nowak, A.: Auf der Spur der Elemente, Leipzig: Deutscher Verlag für Grundstoffindustrie 1983.
[8] Spittel, M.: Metalle im Altertum, Wiss. und Fortschritt 15(1965), Heft 10 und 12, S. 537.
[9] Eisenkolb, F.: Einführung in die Werkstoffkunde, Band IV., Nichteisenmetalle, IX. Zinn, Blei, Antimon und
    ihre Legierungen, Zinn, S. 197/202, Berlin: Verlag Technik 1961.

von Zinn als Überzugs- wie auch Legierungsmetall bzw. Lötmaterial berichtet bereits auch der römische Geschichtsschreiber Plinius der Ältere (24-79) [2]. Hinweise über die frühe Nutzung des Zinns und seiner Legierungen sollen auch die zwei in griechisch geschriebenen Papyri (dem so genannten Leidener bzw. Stockholmer Papyrus), die vermutlich auf noch ältere ägyptische Quellen zurückgehen, besitzen [1]. Überdies sind auch die Verse der Ilias von Homer ein Zeugnis für die Kenntnis und Nutzung des Zinns [2].

Fünftens – Zinn, das ein silberweiß glänzendes, relativ weiches Schwermetall ist, lässt sich sowohl mit dem Fingernagel wie auch mit dem Messer leicht ritzen und hat dazu einen sehr niedrigen Schmelzpunkt (rund 232 Grad Celsius), ebenso ist es ein gut dehnbares Metall, das mühelos zu hauchdünnen Folien (früher mit Stanniol bezeichnet und zur Verarbeitung von Lametta eingesetzt [1], [2]) ausgewalzt werden kann [3]. Bezüglich seiner Dichte wird es aber teilweise auch als mittelschweres Metall bezeichnet, denn es ist schwerer als Aluminium, Titan und Zink und im Vergleich zu Blei, Gold, Kupfer, Quecksilber, Silber jedoch leichter [3].

Sechstens – Zinn wird, wegen seiner hervorragenden Metalleigenschaften, nämlich sowohl ein besonders umweltfreundliches, nicht toxisches, sehr gut legierbares wie auch überaus korrosionsbeständiges, sehr dekoratives Metall [3] zu sein, vielfältig als Legierungsbestandteil vielfältig verwendet, mit Kupfer zu Zinnbronze (Gussbronze mit bis zu 22 % Zinn, vorwiegend 10 bis 12 % Zinn bzw. Knetlegierungen bis 10 % Zinn), mit Blei, Kupfer, Silber zu Lötzinn (z. B. 63 % Zinn, 37 % Blei, Schmelzpunk etwa 183 Grad Celsius), zu Nordisches Gold mit 89 % Kupfer, je 5 % Aluminium und Zink sowie 1 % Zinn, zu Orgelmetall mit 30 bis 70 % Zinn und normalerweise 30 bis 40 % Blei, zu den Britanniametallen [4] mit 65 bis 97 % Zinn, 1 bis 24 % Antimon und 1 bis 5 % Kupfer und Wismut, insbesondere den auch dazu gerechneten Legierungen:

- Vickers White Metal   (93 % Zinn,   5 % Antimon, 2 % Kupfer)
- englisches Löffelmetall   (82 % Zinn, 16 % Antimon, 2 % Kupfer)
- deutsches Löffelmetall   (81 % Zinn, 24 % Antimon, 4 % Kupfer)
- Pewter (Hartzinn) für Kannen (81 % Zinn, je 6 % Antimon und Kupfer, 7 % Blei)
- Queensmetall für Kannen   (89 % Zinn, 7 % Antimon, je 2 % Kupfer u. Wismut)
- Tutaniametall   (86 % Zinn, 10 % Antimon, 3 % Kupfer, 1 % Blei).

Einige weitere von vielen Anwendungsmöglichkeiten für Zinn und Zinnlegierungen sind die Verwendung von Weißmetall [2], beispielsweise WM 80 (mit ca. 80 % Zinn % , 11 bis 13 % Antimon, 5 bis 7 % Kupfer, 1 bis 3 % Blei [5]) in Lokomotiven, Kaplan-Turbinen Wagenlager, Land- sowie Werkzeugmaschinen, in Wasserkraftwerken mit Pelton-, Francis- oder Rohr- bzw. Kaplan-Turbinen in Gleitlager [6], von verzinntem Blech im Haushalt für Geschirre, Tuben, Back- und Keksdosen, von verzinnten kupfernen Pfannen, Töpfe, Kessel in der Narungsmittelzubereitung und –lagerung, von Weißblech [2] (d. h. dünnem kaltgewalzten

[1] Engels, S.; Nowak, A.: Auf der Spur der Elemente, Leipzig: Deutscher Verlag für Grundstoffindustrie 1983.
[2] Eisenkolb, F.: Einführung in die Werkstoffkunde, Band IV, Nichteisenmetalle, IX. Zinn, Blei, Antimon und ihre Legierungen, Zinn, S. 197/202, Berlin: Verlag Technik 1961.
[3] Bundesverband des Deutschen Zinngießerhandwerks e.V., www.zinngiesser.de/, 28.08.2010.
[4] Britanniametall, de.wikipedia.0rg/wiki/Britanniametall, 28.10.2010.
[5] Weißmetall, de.Wikipedia.org/wiki/Weißmetall, 28.08.2010.
[6] Lagermetall, de.wikipedia.org/wiki/Lagermetall, 28.08.2010.

Stahlblech von 0,1 bis 0,499 mm mit einer elektrolytisch erzeugten Zinnauflage von 0,3 µm [1]) für chemisch-technische Verpackungen in der Industrie und Sprühdosen für Aerosole, für Behältnisse von Lebensmitteln und Tiernarung, Konserven wie auch Getränken sowie von Ziergegenständen, wie Krügen, Bechern, Kelchen, Pokalen, Taschenflaschen, Duftöllampen, Weinrömern, Humpen, Arabesken, Tellern, Schalen, Tabletts, Vasen, Etageren, Figuren, Kerzenständer [2], [3] vielfach aus Hartzinn, Verschlüsse, Kronkorken für Flaschen wie auch für Amalgam in der Dentaltechnik und für allergiefreien Modeschmuck aus Zinn-Nickel-Legierungen (65 % Zinn, 35 % Nickel) sowie in Kombination mit Glas und Porzellan [3].

Siebentens – Zinn besitzt die drei Eigenheiten, die eine ist, dass es beim Verbiegen, z. B. einer Stange, eines Bleches etc. zu einem zinntypischen knirschenden Geräusch, erzeugt durch die Reibung der Zinnkristalle untereinander, dem so genannten Zinngeschrei, kommt; eine zweite ist die, dass es und bei geringen bis tiefen Temperaturen (punktuell ab 13,2 Grad Celsius bzw. konzentriert ab – 48 Grad Celsius) die Zinnpest, eine allotrope Umwandlung des Zinns, die Zinngegenstände zerstört, erfährt [2], [3] und eine dritte ist, dass sich bei reinem (bevorzugt bleifreien) Zinn sowie bei anderen, reinen Metallen, vorwiegend Antimon, Cadmium, Indium, Zink, Silber, Gold, kleine, spontan wachsende Nadeln, die so genannten Tin whiskers [4], [5] [6], d. h. Nadel-like kristalline Oberflächen-Zinnstrukturen[4], die in elektronischen Systemen und Baugruppen zu Kurzschlüssen führen, ausbilden können [7].

Achtens – Zinn zu erkennen war anfänglich schwierig, zunächst wurde es für eine Abart von Blei gehalten und deshalb als weißes Blei bezeichnet, wogegen das echte, als schwarzen Blei betitelt wurde. Noch der römische Gelehrten Gaius Plinius Secundus Maior, kurz Plinius der Ältere (etwa 23-79) bezeichnet Zinn und Blei als plumbum und unterscheidet beide Metalle nach ihrem hellen und dunklen Aussehen als plumbum album und plumbum nigrum [2], [8], ihm folgend hat sogar der herausragende Renaissance-Gelehrte und Vater des Montanwesens, Georgius Agricola (1494-1555), Zinn, Blei und Wismut noch weißes, schwarzes und graues plumbum genannt [8].

Neuntens - Zinn wird seit dem Mittelalter (6. bis 15. Jahrhundert) durch für dieses Metall spezialisierte Schmelzer, die so genannten Zinngießer, ein Beruf, der sich bis heute erhalten hat, erschmolzen, legiert, vergossen, geformt sowie zum Teil auch fertig bearbeitet.

Zehntens - Zinn wird also heutzutage handwerklich in Zinngießereien noch fast wie einst vergossen, wobei folgende Fertigungsschritte ablaufen. In einem Schmelzofen werden die Stahlformen für den Heißguss in einem Hitzebad bei ca. 300 Grad Celsius vorgewärmt, damit das flüssige Zinn in jede kleinste Kontur (bis zu einer Feinheit von Fingerabdrücken bzw. Haarstärken von nur bis zu 0,1 Millimetern) auslaufen kann, auch das zu vergießende Zinn wird in ihm flüssig gehalten. Nach Entnahme der heiß temperierten Formteile (dies sind das

[1] Weißblech, de.wikipedia.0rg/wiki/Weißblech, 28.08.2010.
[2] Zinn – Geschichte, Herstellung und Vorkommen, Eigenschaften, de.wikipedia.org/wiki/Zinn, 26.08.2010.
[3] Eisenkolb, F.: Einführung in die Werkstoffkunde, Band IV, Nichteisenmetalle, IX. Zinn, Blei, Antimon und ihre Legierungen, Zinn, S. 197/202, Berlin: Verlag Technik 1961.
[4] Whiskers, de.wikipedia.org/wiki/Whisker_(Kristallographie), 29.08.2010.
[5] Whisker (metallurgy), en.wikipedia.org/wiki/Whisker_(metallurgy). 29.08.2010.
[6] Tin Whiskers, www.siliconfareast.com/whiskers.htm, 28.08.2010.
[7] Zinngeschrei und Tin Whiskers, raumzeitenwelten.de/.../7_Tin_Whisker_-_Zinngeschrei.html, 28.08.2010.
[8] Wilsdorf, H.: Montanwesen – Eine Kulturgeschichte, Leipzig: Edition Leipzig 1987.

Ober- und Unterteil der Gießform) werden diese mit einem nassen Pinsel gereinigt sowie umgehend in einer Presse fixiert und in Eingießstellung positioniert. Danach wird das flüssige Zinn vorsichtig in den Einguss der Form gefüllt, wobei dieses durch seine eigene Schwerkraft in das gesamte Relief und somit auch in die filigransten Konturen läuft. Durch eine gezielte Formkühlung wird eine homogene Erstarrung im Gussstück erzielt. Sie ist verbunden mit einer eintretenden Volumenreduzierung, die durch ein regelmäßiges Nachgießen von Zinn ausgeglichen wird. Sobald das Zinn erstarrt ist, wird zunächst der Anguss exakt abgekühlt, die Form mit einem Zinnhammer geöffnet und der fertige Abguss aus ihr herausgeschlagen. Der fertige Guss weißt oberflächlich, da es sich um Heißguss handelt, eine gelbliche Anlauffarbe auf. Der fertige Guß wird nun noch weitert bearbeitet, sein Anguss wird meist mit einer Bandsäge entfernt und mit einer Stahlklinge wird dieser vollständig begradigt. Jetzt wird das Zinnteil, wenn erforderlich, maschinell und/oder mittels Handarbeit in die Endform gebracht. Nun wird seine Oberfläche zuerst mit Bimsmehl und einer Schwabbelscheibe (das ist eine Stoffscheibe) glatt geschliffen und darauffolgend mit einer Messingkratzbürste weiter bearbeitet, d. h. der Bims wird wegpoliert, damit das Zinngussstück seinen schönen silbrigen Glanz, den Zinn hat, bekommt. Zum Abschluss erhält es den Handwerkssiegel eingeprägt, der ein Ausweis dafür ist, daß der Gegenstand massiv nach alter Handwerkstradsition hergestellt wurde [1], [2].

Noch unbedingt zu bemerken ist für Zinn, das Besondere an Zinnwaren ist, sie haben einen hervorragenden umwelttechnischen Aspekt, denn Zinngegenstände und Zinngeschirr sind hundertprozentig wiederverwendbar, außerdem ist durch seinen niedrigen Schmelzpunkt von nur rund 232 Grad Celsius der Energieaufwand sowohl beim Gießen wie auch beim Recyceln sehr gering. Hinzu kommt, Zinn ist geschmacksneutraler als Glas und Porzellan und hat außerdem einen medizinischen Aspekt, nämlich es hat eine antiseptischen Wirkung. Weiterhin kennzeichnet das Zinn sein seidiger Glanz, der durch seine handwerkliche Bearbeitung entsteht. Er benötigt keine gesonderte Pflege, allein der tägliche Gebrauch erhält diesen [2].

[1] Bundesverband des Deutschen Zinngießerhandwerks e.V., www.zinngiesser.de/, 29.08.2010.
[2] Zinngiesserinnung, www.zinngiesser.de/links.htm, 29.08.2010.

Die Legierungselemente Phosphor, Zink, Blei, Nickel, Eisen und andere Elemente.

Die Legierungselemente Phosphor, Zink, Blei, Nickel, Eisen und andere Elemente haben folgende Wirkungen [1]:

- *Phosphor*:
- geringe Mengen fördern Sauerstoffentzug (Desoxidation),
- Zinnoxidbildung wird gemindert bzw. verhindert,
- bis 0,4 Prozent verbessert sich die Schmelzführung und Gießbarkeit,
- steigender Anteil erhöht Verfestigungsfähigkeit der Knetlegierung,
- zunehmendes Quantum mindert elektrische Leitfähigkeit und Warmverformbarkeit.

- *Zink*:
- geringe Mengen bewirken Desoxidation,
- Phosphorsubstituient,
- setzt elektrische Leitfähigkeit herab, geringere Abnahme als durch Phosphor,
- erhöht die Verformbarkeit von Knetlegierungen,
- bis acht Prozent Anteil sind es Kupfer-Zinn-Zink-Legierungen, also Rotguss.

- *Blei*:
- verbessert Fließvermögen, senkt die Zugfestigkeit und Duktilität,
- führt in Knetlegierungen zur Warmbrüchigkeit,
- kann Porosität ausfüllen, steigert Druckdichtigkeit,
- ist unlöslicher Anteil und liegt fein verteilt im Gefüge vor,
- erhöht Korrosionsbeständigkeit (insbesondere bei Schwefelsäure),
- verbessert Notlaufeigenschaften von Gleitwerkstoffen.

- *Nickel*:
- erhöht bei gleichbleibender Festigkeit die Zähigkeit,
- verringert Festigkeitsabhäbgigkeit von der Wanddicke,
- Gußlegierungen werden korrosionsbeständiger,
- bis 2,5 Prozent werden Gußlegierungen zulegiert,
- bis 0,3 Prozent erhalten Knetlegierungen,
- liefert höhere Festigkeit,
- Kaltformung mit Lösungsglühen und Warmaushärtung lässt Härte steigern.

- *Eisen*:
- geringe Mengen verbessern Verfestigungsfähigkeit von Knetlegierungen,
- bewirkt ein feineres Korn,
- liefert zähe Schlackenhaut, erschwert Schmelzen und Gießen.

- *Andere Elemente*:
- Aluminium, Antimon, Arsen, Mangan, Schwefel, Silizium, Wismut können bereits in kleinsten Mengen negativ wirken,
- Beeinträchtigung der Gießbarkeit und Festigkeit kann eintreten,
- führt teilweise zur Versprödung.

[1] Bronze – unverzichtbarer Werkstoff der Moderne, DKI, Düsseldorf: Deutsches Kupferinstitut 2003.

Die industrielle Herstellung und Behandlung der Zinnbronzen.

Was die Herstellung und Behandlung der Kupfer-Zinn-Knetlegierungen sowie der Kupfer-Zinn- und Kupfer-Zinn-Zink-Gusslegierung (Zinnbronzen) anbelangt ist u. a. folgendes nach [1], [2] aktuell:

- *Knetlegierungen.*

- *Schmelzen und Gießen.*
  - → Erschmelzen erfolgt aus Reinmetallen, Recyclingmaterial, Neuschrotten,
  - → Schmelzen geschieht vor allem in elektrisch beheizten Induktionsöfen,
  - → Vertikal-Strangguss erfolgt mit Kokille, mit absenkbarem Boden,
  - → diskontinuierliches Stranggießen erfolgt mit Gießgangsunterbrechung,
  - → vollkontinuierliches Stranggießen mit Säge arbeitet ohne Gießgangstopp.

- *Warm- und Kaltformung.*
  - → Warmwalzen, Schmieden, Strangpressen bzw. Kaltwalzen, Ziehen, Bördeln,
    Biegen, Kanten, Tiefziehen ist, in der Regel nach Homogenisierungsglühen bei
    Temperaturen zwischen 700 und 800 °C, gut möglich,
  - → Warmbehandlung löst Zonenkristalle auf, schafft einheitliche Kristallstruktur,
  - → Knetlegierungen sind nicht warmaushärtbar,
  - → Steigerung der Zugfestigkeit und Härte bringt nur Kaltumformung,

- *Strangpressen.*
  - → Stangen, Rohre, Profile und Drähte werden aus gegossenen Bolzen bei 600 bis
    1.000 °C und mit Presskräften zwischen 1.000 und 3.500 Tonnen auf
    Strangpressen mit entsprechenden Matrizen, für Rohre mit Dorn, geformt;

- *Spanabhebende Bearbeitung.*
  - → Kupfer-Zinn-Knetlegierungen sind schwer spanbar, Ausnahme bildet die Kupfer-
    Zinn-Blei-Zink-Legierung CuSn4Pb4Zn4,

- *Verbindungsarbeiten.*
  - → Kupfer-Zinn-Knetlegierungen sind im Allgemeinen gut schweißbar,
  - → Löten ist problemlos durchführbar, Hart- sowie Weichlöten sind in Anwendung,
  - → Verbinden durch Kleben erfolgt meist mit Zweikomponenten Klebstoff,
  - → Nieten und Schrauben sind geeignete mechanische Verbindungsverfahren.

- *Oberflächenbehandlungen.*
  - → Strahlen.
  - → Schleifen.
  - → Polieren.
  - → Entfetten.
  - → Beizen.
  - → Oberflächenveredlung.

[1] Bronze – unverzichtbarer Werkstoff der Moderne, DKI, Düsseldorf: Deutsches Kupferinstitut 2003.
[2] Zinn – Geschichte, Herstellung und Vorkommen, Eigenschaften, de.wikipedia.org/wiki/Zinn, 26.08.2010.

▪ ***Gußlegierungen.***

• *Grundlagen.*
→ Gussteile entstehen vom Rohstoff zum Fertigteil auf kurzem, stufenarmen Weg,
→ Verbundguss dient dem Verbinden von Stahl mit Kupfer-Zinn-Blei-Legierungen.

• *Schmelzen und Gießen.*
→ Gussmaterial ist meist fertig legiertes Blockmaterial, Recyclingmaterial, an und ab
　　Hüttenkupfer und Reinzinn, aber auch Gießereirücklauf,
→ Abgüsse erfolgen mit Sand-, Strang-, Kokillen-, Fein-, Vollform-, Schleuderguss,
→ Druckgussverfahren wird wegen des breiten Erstarrungsintervalls nicht eingesetzt,
→ Gießtemperaturen liegen bei binären Systemen zwischen 1.150 und 1.250 °C, bei
　　Mehrstofflegierungen 1130-1200 °C (CuSn3Zn9), 930-1.000 °C (CuSn4Pb4Zn4).

• *Wärmebehandlung.*
　→ Eigenschaften von Zinnbronzen durch Wärmebehandlung zu beeinflussen, findet
　　　gefügebedingt selten Anwendung, gelegentlich aber ein Homogenisierungsglühen,

• *Spanabhebende Bearbeitung.*
　→ spanabhebende Bearbeitung ist der Gußlegierungen ist gegeben.

• *Verbindungsarbeiten.*
　→ Schweißen von Bronzeguss mit mehr als zwei Prozent Blei ist bedingt möglich,
　→ Weichlöten ist gut ausführbar,
　→ Hartlöten lässt sich Zinnbronzeguss mit weniger als 1,5 Prozent Blei,
　→ Kleben ist einwandfrei realisierbar,
　→ Mechanische Verbindungen, Schrauben (lösbar), Nieten (nichtlösbar) sind Praxis.

　• *Oberflächenbehandlung.*
　→ *Strahlen.*
　→ *Schleifen.*
　→ *Polieren.*
　→ *Beizen.*
　→ *Oberflächenveredeln.*

[1] Bronze – unverzichtbarer Werkstoff der Moderne, DKI, Düsseldorf: Deutsches Kupferinstitut 2003.
[2] Zinn – Geschichte, Herstellung und Vorkommen, Eigenschaften, de.wikipedia.org/wiki/Zinn, 26.08.2010.

Kurzer allgemeiner Überblick zum gegenwärtigen Bronzeeinsatz.

Bronze mit einer über 5.000jährigen Geschichte gilt als Wegbegleiter des technischen Fortschritts und großer Einflussfaktor auf die Entwicklung der Menschheit. Nur wenige Legierungen können auf eine derartige Erfolgsgeschichte zurückblicken. Die bereits in der grauen Vorzeit von den Schmelzern entwickelte Fähigkeit, sie herzustellen, zu verarbeiten, zu nutzen, lässt sich mit den Errungenschaften des Maschinenzeitalters und der Mikroelektronik als gleichwertig ansehen [1]. Und auch heute nimmt Bronze als Werkstoff aufgrund seiner ausgezeichneten Eigenschaften, wie hohe Festigkeit und Härte, gute Korrosions- und Verschleißfestigkeit, Meerwasserbeständigkeit, Feder- und Gleiteigenschaften, hervorragende Dauerschwingfestigkeit sowie spezifischen elektrischen Leitfähigkeit wie auch herstellbaren breiten Farbspektrums, eine hervorragende Stellung unter den Werkstoffen ein [1], [2], [3].

Es muss hier auch genannt werden, daß die Bronzen (inklusive Rotguss) mit vierzehn Prozent Anteil an den in Deutschland hergestellten Kupferlegierungen nach dem Messing mit 70 Prozent Anteil den zweiten Platz einnehmen, wogegen Kupfer-Nickel-Legierungen mit einem Anteil von nur drei Prozent und Neusilber (Kupfer-Nickel-Zink-Legierungen bestehend aus 45 bis 70 Prozent Kupfer, fünf bis 30 Prozent Nickel, acht bis 45 Prozent Zink, eventuell mit Beimischungen von Spurenelementen wie Blei, Zinn oder Eisen) sogar nur einen Anteil von zwei Prozent haben. Die restlichen elf Prozent entfallen auf andere Kupferlegierungen [1].

Allgemeine Tatsache ist: „Auch heute im Zeitalter der Bits und Bytes nimmt Bronze eine herausragende Stellung unter den Werkstoffen ein. Dies gilt in besonderer Weise überall dort, wo elektronische Bauteile und Steuerungsprozesse gefragt sind. Gerade in der Daten- und Nachrichtenübertragung, Mess- und Regeltechnik, Automobil-, Unterhaltungs- und Haushaltselektronik spielt Bronze eine zentrale Rolle." … „Alle" … „Eigenschaften tragen dazu bei, daß Bronze auf vielfältige Weise genutzt werden kann und in nahezu allen Industriezweigen eingesetzt wird: im Maschinen-, Apparate-, Schiffs-, Kraftwerksbau, in der chemischen und Nahrungsmittelindustrie, Papier- und Textilbranche, dem Druckwesen [1].

Nach [1] findet Bronze Verwendung in Getrieben, Pumpen, Gleitlagern, hochbeanspruchten Zahnrädern, für Schneckengetriebe, Federn, Schrauben, Bolzen, Muttern, Rohre und Behälter, in der Elektronik für Steckverbinder, Kontaktstreifen, Relaisfedern, Kabelklemmen, Systemträger für Halbleiter.

Zum Einsatz kommen Knet- und Gußlegierungen. Knetlegierungen eignen sich zur Warm- und Kaltumformung durch Walz-, Press- und Ziehverfahren; sie enthalten neben Kupfer bis zu 8,5 Prozent Zinn. Gußlegierungen weisen in der Regel einen Zinnanteil zwischen neun und zwölf Prozent auf, dagegen Hyperzinnbronzen bis 17 Prozent. Bronzen mit Zinnanteilen von 20 Prozent sind meist Glockenbronzen. Als Zweistofflegierung werden Bronzen im seltensten Fall genutzt, denn ihre spezifischen Eigenschaften liefern weitere Legierungskomponenten. So werden zu Knetlegierungen vor allem Phosphor und Zink beigemengt, bei Gußlegierungen sind darüber hinaus Blei, Nickel und Eisen von Bedeutung.

[1] Bronze – unverzichtbarer Werkstoff der Moderne, DKI, Düsseldorf: Deutsches Kupferinstitut 2003.
[2] Kupfer – Werkstoff der Menschheit, DKI, Düsseldorf: Deutsches Kupferinstitut.
[3] Kupfer – der Nachhaltigkeit verpflichtet, Informationsbroschüre, Düsseldorf: Deutsches Kupferinstitut 2001.

Zur Herstellung von Halbfabrikaten wie Bändern, Blechen, Rohren, Stangen und Drähten ist zu vermerken, daß dies durch die technologischen Schritte Schmelzen, Legieren und Gießen geschieht, woran sich die Warm- und Kaltumformung, das Walzen, Strangpressen, Ziehen sowie die Wärmebehandlung (wie Glühprozesse) anschließen, den Abschluss bilden diverse Endbearbeitungen.

Überblick zu den gängigen, genormten Kupfer-Zinn-Knet- und Gußlegierungen.

Über gängige, genormte Kupfer-Zinn-Knetlegierungen (Zinnbronzen) und Kupfer-Zinn- und Kupfer-Zinn-Zink-Gusslegierungen informiert die nachfolgende Tafel 5, die vom Autor an Hand der vom DKI Deutschen Kupferinstitut herausgegebenen Informationsbroschüren: Kupfer-Zinn-Knetlegierungen (Zinnbronzen) [1] sowie Kupfer-Zinn- und Kupfer-Zinn-Zink-Gusslegierungen (Zinnbronzen) [2] zusammengestellt wurde.

Kupfer-Zinn-Knetlegierungen (Zinnbronzen) [1].
CuSn4; CuSn5; CuSn6; CuSn8; CuSn3Zn9; CuSn4Pb2P; CuSn4Pb4Zn4; CuSn4Te1P; CuSn5Pb1, CuSn8P; CuSn8PbP
Kupfer-Zinn- und Kupfer-Zinn-Zink-Gusslegierungen (Zinnbronzen) [2].
Kupfer-Zinn-Gusslegierungen (Bronzen).
CuSn12-C – GS, GM, GZ, GC; CuSn12Ni2-C – GS, GZ, GC; CuSn11Pb2-C – GS, GZ, GC; CuSn11P-C – GS, GM, GZ, GC; CuSn10-C – GS, GM, GZ, GC.
Kupfer-Zinn-Zink-Gusslegierungen (Rotguss).
CuSn7Zn4Pb7-C – GS, GM, GZ, GC; CuSn7Zn4Pb7-C – GS, GM, GZ, GC; CuSn5Zn5Pb5-C – GS, GM, GZ, GC; CuSn3Zn8Pb5-C – GS, GZ, GC;
Kupfer-Zinn-Blei-Gusslegierungen (Bleibronzen).
CuSn5Pb9-C – GS, GM, GZ, GC; CuSn6Zn4Pb2-C – GS, GM, GZ, GC; CuSn10Pb10-C – GS, GM, GZ, GC; CuSn7Pb15-C – GS, GZ, GC; CuSn5Pb20 – GS, GZ, GC; CuSn5Pb20 – GZ, GC.
Die chemische Zusammensetzung, die physikalischen, technologischen sowie mechanischen Eigenschaften sind in den Informationsdrucken: Kupfer-Zinn-Knetlegierungen (Zinnbronzen) und Kupfer-Zinn- und Kupfer-Zinn-Zink-Gusslegierungen (Zinnbronzen) des DKI Deutsches Kupferinstitutes enthalten. Legende für: GS = Sandguss, GM = Kokillenguss, GZ = Schleuderguss, GC = Strangguss.

Tafel 5: Überblick über gängige, genormte Kupfer-Zinn-Knetlegierungen (Zinnbronzen) und Kupfer-Zinn- und Kupfer-Zinn-Zink-Gusslegierungen (Zinnbronzen).

[1] Kupfer-Zinn-Knetlegierungen (Zinnbronzen), Informationsdruck i.15, DKI 06/2008.
[2] Kupfer-Zinn- und Kupfer-Zinn-Zink-Gusslegierungen (Zinnbronzen), Informationsdruck i.25, DKI 12/2004.

Anwendungsbeispiele für Bronzen.

Über die Kupfer-Zinn-Knet- und Kupfer-Zinn-, Kupfer-Zinn-Zink-Gusslegierungen (alles Zinnbronzen) informiert die nachfolgende Tafel 6, die vom Autor an Hand der vom DKI herausgegebenen Informationsbroschüren: Kupfer-Zinn-Knetlegierungen [1], Kupfer-Zinn-, Kupfer-Zinn-Zink-Gusslegierungen (alles Zinnbronzen) [2] zusammengestellt wurde.

Verwendung von Kupfer-Zinn-Knetlegierungen.

Federbänder, Schrauben- sowie Steckverbinder, Stanzteile, Kontakte, Manometerfederrohre, Gleitelemente, Drahtgewebe (Foudriniersiebe), Apparateteile, Membranen, Gleitlager sowie Getriebekomponenten, Wickelverbinder (Wire-Wrap), Klemmverbinder (Thermi-Point) und Quetschverbinder (Crimp), Bolzen, Schrauben, Muttern, Ketten, Haken, Rohre, Destillen, Bottische, Kessel, Autoklaven, Rührer, Rührwerkswellen, Metallschläuche, Kompensatoren, Blechelemente, Schmiedeteile sowie Kondensatorrohre, Hartlote wie auch Schweißzusätze.

Verwendung von Kupfer-Zinn-Gußlegierungen (Bronzen).

Kuppelsteine, Kuppelstücke, Spindelmuttern, Schneckenräder und Schraubenräder, ring- und rohrförmige Konstruktionsteile, Längsprofile, Schneckenkränze, Zylindereinsätze sowie hoch belastete Stell- und Gleiteisen, Armaturen- und Pumpengehäuse, Leit-, Lauf-, Schaufelräder für Pumpen- und Wasserturbinen; Gleitlager, Gleitplatten und Leisten, Buchsen, Kurbel- und Kniehebellager, Kolbenbolzenbuchsen.

Verwendung von Kupfer-Zinn-Zink-Gußlegierungen (Rotguss).

Gleitlagerwerkstoff mit Notlaufeigenschaften, seewasserbeständiger Konstruktionswerkstoff.

Verwendung von Kupfer-Zinn-Blei-Gußlegierungen (Bleibronzen).

Gleitwerkstoff, Konstruktionswerkstoff für Pumpengehäuse, dünnwandige verwickelte Teile, Lagerwerkstoff, Verbundwerkstoff, Kalenderwalzen, Fahrzeuglager, Warmwalzwerklager,

---

Tafel 6: Verwendung von Kupfer-Zinn-Knet- und Gußlegierungen.

[1] Kupfer-Zinn-Knetlegierungen (Zinnbronzen), Informationsdruck i.15, DKI 06/2008.
[2] Kupfer-Zinn- und Kupfer-Zinn-Zink-Gusslegierungen (Zinnbronzen), Informationsdruck i.25, DKI 12/2004.

Literaturempfehlungen.

Zu den Literaturempfehlungen gehört unbedingt, auf die Werke von Vannoccio Biringuccio und Georgius Agricola aufmerksam zu machen.

Ihre wissenschaftlichen Bücher, sowohl das erste zur Metallurgie, von dem italienischen Ingenieur, Architekt, Büchsenmacher und angewandten Chemiker Vannoccio Biringuccio (1480-1537/39?) aus Siena (Toskana) mit dem Titel „De la Pirotechnia" („Die zehn Bücher über die Feuerwerkskunst"), dessen Erstausgabe in Italienisch posthum 1540 in Venedig in Folio bei Curtio Navo, ohne seinen Verfassernamen, erschien, wie auch das erste zum Montanwesen, vom deutschen Renaissance-Gelehrten Georgius Agricola (1494-1555) aus Glauchau (Sachsen), dem Vater der Mineralogie und dem Begründer dreier Wissenschaften (der Mineralogie, Geologie, Bergbaukunde), mit dem Titel „De re metallica libri XII" („Vom Bergwerk XII Bücher"), das ein Jahr nach seinem Tod 1556 in lateinischer Sprache in Basel bei Froben erschien, befassen sich mit den verschiedenen in der Antike und im Mittelalter gewonnenen, verarbeiteten sowie genutzten Metalle und Legierungen. Beide Werke, deren Darstellungen zu den Metallen und Erörterungen zu den Legierungen auf der damals bekannten Literatur beruhen, stellen auch für die Geschichte der Bronze bis zur Renaisance einen bedeutenden Fundus dar und sind somit allen anderen Quellenhinweisen vorangestellt, wobei auf die wichtigsten Kapitel kurz hingewiesen wird.

So befasst sich Biringuccio, der mit seiner „Pirotechnica" die Metallurgie begründete, im ersten Buch auch mit der Beschreibung der Metalle, beginnend mit dem Gold, Silber, Kupfer und Blei. Seine Erläuterungen zu den Legierungen des Goldes, Silbers mit Kupfer wie auch Kupfers mit Zinn und Blei gibt er im fünften Buch.

Der Gießkunst, speziell des Bronzegusses von Figuren, Geschützen, Glocken und Klöppeln widmet sich Vannoccio Biringuccio im sechsten Buch, ebenso macht er darin auch allgemeine Aussagen zu den Gussformen und ihren Maßen. Spezielles zum Metallschmelzen und zum Guss von großen und kleinen Geschützkugeln behandelt er im siebenten Buch.

Angaben zur Gold-. Silber-, Kupfer-, Eisen- und Zinnschmiedekunst wie auch zum Ziehen von Gold-, Silber-, Kupfer- und Messingdraht, zum Verspinnen von Gold, Entgolden von Silber und anderen Metallen, die mit Blattgold überzogen wurden, sind Inhalt des neunten Buches [1] bis [4].

Agricolas Ausführungen zur Probe auf Edelmetalle sowie zum Probieren von Gold-, Silber- und Kupferlegierungen und Münzen finden sich in seiner „De re metallica libri XII" im siebenten Buch „Vom Probierwesen", das Schmelzen und die Gewinnung des Goldes, Silbers, Kupfers, Bleies, Zinns, Eisens, Stahls, Quecksilbers, Antimons und Wismuts beschreibt er im neunten Buch „Von den Schmelzöfen und den Gewinnungsverfahren der Metalle", im

[1] Johannsen, O.: Übersetzung und Erläuterungen der Pirotechnia, Braunschweig: F. Vieweg & Sohn 1925.
[2] Vannoccio Biringuccio, de.wikipedia.0rg/.../Vannoccio_Biringuccio – 26.09.2010.
[3] Deutsches Museum: Biringuccio, www.deutsches-museum.debibliothek/usere.../biringuccio/ - 26.09.2010.

das Scheiden der Edelmetalle, Entgolden vergoldeter Gegenstände, Trennen von Gold und Silber sowie des Bleies von Silber (Treiben) dar, schließlich im elften Buch „Vom Entsilbern zehnten Buch „Von der Edelmetallscheidung, dem Abtreiben und Silberfeinbrennen" legt er des Schwarzkupfers und Eisens" wird die Trennung von Silber vom Eisen erörtert [1], [2]. Entstanden ist sein bergbauliches Handbuch nach zwanzigjähriger intensiver Arbeit im Montanwesen. Der eigentliche Auslöser für ihn war die Tatsache, daß aus der Antike und dem Mittelalter keine schriftlichen Quellen zum Berg- und Hüttenwesen überliefert sind. Mit seinem Werk schuf er ein Lehr- und Handbuch, welches zwei Jahrhunderte die Lehre, Ausbildung und Praxis maßgeblich bestimmte [3].

• Bischoff, C.: Das Kupfer und seine Legierungen, Berlin: Verlag von Julius Springer 1865.
• Bibra, E. v.: Die Bronze- und Kupferlegierungen der ältesten Völker, Erlangen: Ferdinand Enke 1869.
• Delon, C.: Le cuivre et le bronze, Paris 1877.
• Bergau, R.: Peter Vischer und seine Söhne, in Dohme, R.: Kunst und Künstler des Mittelalters und der Neuzeit, Band 2, Leipzig 1878.
• Servant, .: Les bronzes d'art, etc. Paris 1880.
• Laurent-Daragon, Ch.: Le Bronze d'art, Paris: Le Bailly 1881.
• Bergau, R.: Labenwolf, in: Allgemeine Deutsche Biographie, Band 17, Leipzig: Dunker & Humbolt 1883.
• Meyers Konversations-Lexikon, Band 10, Kupfer u. dgl. m. S. 316/ 334, Leipzig: BI 1888.
• Dürre, F.: Über Durana-Metall im Vergleich zu den neueren schmiedbaren Kupferlegierungen, Aachen 1895.
• Rée, P. J. Vischer, Rothgießerfamilie, Allgemeine Deutsche Biographie 40(1896), S. 16/30; [Onlinefassung]; URL: http://www.deutsche-biographie.de/artikelADB_pnd119489929.html
• Pechstein, K.: Die Nürnberger Erzgießer Pankratz und Georg Labenwolf, in: Pfeiffer, G.; Wendehorst, A. (Hrsg.): Fränkische Lebensbilder, Bd. 8, S. 70/9, Würzburg: Degener & Co.
• Havard, H.: Les bronzes d'art et d'ameublement, Paris 1897.
• Bersch, J.: Lexikon der Metall-Technik, Wien, Pest, Leipzig: Hartleben's Verlag ca. 1899.
• Havard, H.: Bronzen Kunst- und Einrichtungsgegenstände, Paris 1900.
• Lüer, H.: Technik der Bronzeplastik, Leipzig: Seeman 1902.
• Bode, A. W. v.: Die italienischen Bronzestatuetten der Renaissance, 3 Bände, Berlin: Cassirer 1906/1912.
• Lehnert, G.: Illustrierte Geschichte des Kunstgewerbes, 2 Bände, Berlin: M. Oldenbourg 1907/1909.
• Meyers Lexikon, XI. Band, Sp. 340/356, Kupfer, Kupferlegierungen, Leipzig: BI 1927.
• DKI: Legierungen des Kupfers mit Zinn, Nickel, Blei und anderen Metallen, Berlin: Deutsches Kupferinstitut 1970.
• Friedel, H.: Bronzebildmonumente in Augsburg 1589/1606 Bild und Urbanität, Schriftenreihe Stadtarchivs Augsburg, Bd. 22, Augsburg: Hieronymus Mühlberger 1974.
• Wübbebhorst, H.: Zum frühen Bronzeguss in Asien, Ägypten und Europa, Gießerei 68 (1981), H. 25, S. 751/755.

[1] Georgius Agricola: de.wikipedia.org/wiki/Georgius_Agricola, 26.09.2010.
[2] De re metallica Libri II, Basel 1556 (Digitalisat Dt. Übersetzung und Bearbeitung von Carl Schiffner 1928, Berlin: VDI Verlag 1928.), 27.09.2010.
[3] Deutsches Museum: Agricola, www.deutsches-museum.debibliothek/usere.../agricola/ - 26.09.2010.

- Alscher, L.: Lexikon der Kunst, 5. Bände, Westberlin: Verlag europäisches Buch 1984.
- Wübbenhorst, H.: 5000 Jahre Gießen von Metallen, Düsseldorf: Gießerei-Verlag 1984.
- Brunhuber, E.: Guss aus Kupferlegierungen: Casting copper-base alloys, Berlin: Schiele & Schoen 1986.
- Piersig, W.: Kupfer - Basismetall ..., FuB 38 (1988), H. 11, S. 695/696.
- BI Universal-Lexikon, Kupfer, Band 3, Seiten 245/246, Leipzig: BI 1989.
- Piersig, W.: Kurzer historischer Abriss des Kupferschmiedehandwerks, FuB 40(1990), S. 248/9.
- Schad, M.: Brunnen in Augsburg, Bindlach: Gondrom Verlag 1992.
- Hauschke, S.: Der Nürnberger Tugendbrunnen von Benedikt Wurzelbauer – ein reichsstädtisches Monument, in: Mitteilungen des Vereins für Geschichte der Stadt Nürnberg, Band 81, 1994; Online verfügbar: Tugendbrunnen von Sven Hauschke.
- Guss aus Kupfer und Kupferlegierungen, Technische Richtlinien GDM, VDG und DKI, Düsseldorf 1997.
- Gießereilexikon, Berlin: Schiele & Schön 1997.
- Haase, St.; Brunhuber, E.: Gießerei-Lexikon, Berlin: Schiele & Schoen 2001.
- Kühlenthal, M.: Der Augustusbrunnen in Augsburg, München: Hiemer Verlag 2003.
- Kupfer – Vorkommen, Gewinnung, Eigenschaften, Verarbeitung, Verwendung, DKI i.004.
- Kupfer – Werkstoff der Menschheit, DKI-Informationsbroschüre, Düsseldorf: DKI 2007.
- Kupfer, Wikipedia, http://www.de.wikipedia.org/wiki/Kupfer, Abruf: 8/2010.
- Bronze – Wikipedia, Bronzelegierungen – Geschichte – Verwendung, de.wikipedia.org/wiki/Bronze, 08/2010.
- Rotguss – Wikipedia, de.wikipedia.org/wiki/Rotguss, 08/2010.

Vita des Autors.

Name:	Dr. Peter <u>Wolfgang</u> Piersig
Geburtstag:	12. Mai 1944
Geburtsort und Schulbesuch:	Lessingstadt Kamenz (Sachsen)
Wohnort:	Berg- und Adam-Ries-Stadt Annaberg-Buchholz, Geburtsstadt von Emil Heyn.
Persönliches:	Ruheständler, verheiratet seit 1965 mit Frau Stefanie-Konstanze, zwei Töchter.
Abschlüsse:	Schlosser (1961), BKW Heide-Wiednitz; Dipl.-Ing. (FH) für Kohleveredlung (1964), Berg-Ingenieur-Schule Senftenberg; Dipl.-Ing. für Werkstofftechnik (1972), Promotion zum Doktor-Ingenieur (1979), Hochschulpädagogik Stufe I und II (1980), Technische Hochschule Karl-Marx-Stadt (Chemnitz); Technikgeschichte (1987), Technische Universität Dresden.

Veröffentlichungen des Autors.

- *Adolf Martens – Erinnerungen an den Nestor der Materialprüfungen der Technik.*
  GRIN-Verlag; Archivnummer: V83903,
  ISBN (E-Book): 978-3-638-88760-1; ISBN (Buch): 978-3-638-90360-8.
- *Emil Heyn – Adam-Ries-Nachfahre, gewidmet dem Nestor zweier
  Technikwissenschaften Metallkunde und Metallographie.*
  GRIN-Verlag; Archivnummer: V84013,
  nur ISBN (E-Book): 978-3-638-87588-2.
- *Erinnerungen an den 170. Geburtstag von Alexandre Gustave Eiffel und Bau des
  Eiffelturms vor 115 Jahren.*
  GRIN-Verlag; Archivnummer: V83763,
  ISBN (E-Book): 978-3-638-88603-1; ISBN (Buch): 978-3-638-90513-8.
- *Vannoccio Biringuccio und die Pirotechnia – 525. Geburtstag des ersten Autors der Metallurgie.*
  GRIN-Verlag 2007; Archivnummer: V83955,
  ISBN (E-Book): 978-3-638-88607-9; ISBN (Buch): 978-3-638-90372-1.
- *Ein Exkurs durch die bedeutendsten Weltausstellungen von 1851 bis 2005 für Fachleute,
  Interessierte und Laien.*
  GRIN-Verlag; Archivnummer: V83815,
  ISBN (E-Book): 978-3-638-88605-5; ISBN (Buch): 978-3-638-89274-2.
- *Die Palmenblattflechterei und das Castell de Capdepera auf Mallorca.*
  GRIN-Verlag; Archivnummer: V116704,
  ISBN (E-Book): 978-3-640-18703-4; ISBN (Buch): 978-3-640-18856-7.
- *ECM - Elektrochemische Metallbearbeitung und EC-Kombinationsverfahren - Ein Beitrag zur
  Technikgeschichte anlässlich des 85. Geburtstag von Herrn Prof. Dr. rer. nat. sc. techn. Hans Wicht.*
  GRIN-Verlag; Archivnummer: V117592,
  ISBN (E-Book): 978-3-640-19823-8; ISBN (Buch): 978-3-640-19833-7.
- *Emil Heyn. Nestor der Technikwissenschaften Metallkunde und Metallographie.
  Ein kurzer Auszug aus der Emil-Heyn-Chronik und Rückblick auf das am 6. und 7. Juli 2007,
  anlässlich des 140. Geburtstages von Emil Heyn, in der Berg- und Adam-Ries-Stadt Annaberg-
  Buchholz stattgefundene Emil-Heyn-Kolloquium.*
  GRIN-Verlag; Archivnummer: V120087,
  ISBN (E-Book): 978-3-640-23584-1; ISBN (Buch): 978-3-640-23588-9.
- *Henry Clifton Sorby – Begründer der klassischen Metallographie – Mit einem Abstract über die
  Herausbildung der Technikwissenschaft Metallographie, nebst Originalquellen, Schrifttumstipps,
  Literaturregister.*
  GRIN-Verlag; Archivnummer: V123320,
  ISBN (E-Book): ISBN: 978-3-640-27261-7; ISBN (Buch): ISBN: 978-3-640-27265-5.
- *Henry Bessemer und das Bessemern, mit einer Sammlung und Anlage von Veröffentlichungen
  darüber.*
  GRIN-Verlag; Archivnummer: V131002,
  ISBN (E-Book): 978-3-640-36415-2; ISBN (Buch): 978-3-640-36361-2.
- *Der Kristallpalast zu London, mit einer Vita zu Joseph Paxton, dem Architekten des Crystal Palace
  zu London, nebst einem Kurzbericht über die erste Weltausstellung London 1851.
  Beitrag zur Technikgeschichte.*
  GRIN Verlag; Archivnummer: V132604,
  ISBN (E-Book): 978-3-640-38260-6; ISBN (Buch): 978-3-640-38312-2
- *Beitrag zur Entstehung und Entwicklung des Musicals.*
  GRIN Verlag; Archivnummer: V131395.
  ISBN (E-Book): 978-3-640-36639-2; ISBN (Buch): 978-3-640-36612-5.

- *Johann Bauschinger – Begründer der mechanisch-technischen Versuchsanstalten, mit dem Nachruf von Professor Adolf Martens und der Gedenkrede von Professor Friedrich Kick auf Professor Johann Bauschinger (1834-1893).*
GRIN Verlag; Archivnummer: V132971,
ISBN (E-Book): ISBN: 978-3-640-39292-6; ISBN (Buch): 978-3-640-39322-0.
- *Kompendium Papier – eine Chronologie mit einem umfangreichen Lexikon zu diesem alltäglichen Werkstoff.*
GRIN Verlag; Archivnummer: V134334,
ISBN E-Book): 978-3-640-40896-2; ISBN (Buch): 978-3-640-40940-2.
- *Der sächsische Lokomotivenkönig. Zum 200. Geburtstag des sächsischen Lokomotivenkönigs und Industriepioniers Richard Hartmann.*
GRIN Verlag; Archivnummer: V137862,
E-Book ISBN: 978-3-640-44585-1; ISBN (Buch): 978-3-640-44592-9.
Mikroskop und Mikroskopie - Ein wichtiger Helfer auf vielen Gebieten mit Definitionen, Geschichte, Daten, Literatur.
GRIN-Verlag; Archivnummer: V140522,
ISBN (E-Book): 978-3-640-48209-2; ISBN (Buch): 978-3-640-48200-9.
- *Der Kristallpalast von London und sein Architekt Joseph Paxton. Der Glaspalast zu München.*
GRIN-Verlag; Archivnummer: V141687,
ISBN (E-Book): 978-3-640-50302-5; ISBN (Buch): 978-3-640-50333-9.
- *Das Schmieden und die Schmiedekunst. Historisches zur Metallbearbeitung.*
GRIN-Verlag; Archivnummer: V141883,
ISBN (E-Book): i. V.; ISBN (Buch): i. V.
- *Geschmiedete blanke Waffen – Symbole der Macht, Kraft und Eleganz. Drahtherstellung.*
GRIN-Verlag; Archivnummer: V141883,
ISBN (E-Book): 978-3-640-50870-9; ISBN (Buch): 978-3-640-50893-8.
- *Geschichtlicher Abriss zum Prägen von Metallmünzen.*
GRIN-Verlag; Archivnummer: V141944,
ISBN (E-Book): 978-3-640-50930-0; ISBN (Buch): 978-3-640-50956-0.
- *Die sieben Metalle der Antike. Gold. Silber. Kupfer. Zinn. Blei. Eisen. Quecksilber.*
GRIN-Verlag; Archivnummer: V141999,
ISBN (E-Book): 978-3-640-50931-7; ISBN (Buch): 978-3-640-50957-7.
- *Geschichtlicher Überblick zur Entwicklung von Bronzeglocken.*
GRIN-Verlag; Archivnummer: V142071,
ISBN (E-Book): 978-3-640-50932-4; ISBN (Buch): 978-3-640-50958-4.
- *Aluminium - ein Metall mit kurzer Geschichte, aber mit großer Zukunft.*
GRIN-Verlag; Archivnummer: V142299,
ISBN (E-Book): 978-3-640-50933-1; ISBN (Buch): 978-3-640-50959-1.
- *Henry Clifton Sorby, Adolf Martens, Emil Heyn. Nestoren der Technikwissenschaft Metallographie.*
GRIN-Verlag; Archivnummer: V142300,
ISBN (E-Book): 978-3640-50934-8; ISBN (Buch): 978-3-640-50962-1.
- *Geschichtlicher Überblick zur Entwicklung der Metallbearbeitung.*
GRIN-Verlag; Archivnummer: V142312,
ISBN (E-Book): 978-3-640-50935-5; ISBN (Buch): 978-3-640-50961-4.
- *Erinnerungen an Alexandre Gustave Eiffel und den Bau des Eiffelturms vor 120 Jahren.*
GRIN-Verlag; Archivnummer: V142399,
ISBN (E-Book): 978-3-638-88603-1; ISBN (Buch): 978-3-638-90513-8.
- *Überblick zur Entwicklung des Waffenhandwerks im Thüringer Wald.*
GRIN-Verlag; Archivnummer: V142455,
ISBN (E-Book): 978-3-640-52307-8.; ISBN (Buch): 978-3-640-52233-0.

- *Ein geschichtlicher Überblick zum Eisen im Erzgebirge. Der Frohnauer Hammer – 570 Jahre Herrenhaus und 350 Jahre Eisenhammer.*
  GRIN-Verlag; Archivnummer: V142518,
  ISBN (E-Book): 978-3-640-52310-8; ISBN (Buch): 978-3-640-52239-2.
- *Geschichtlicher Überblick zum Ätzen und Beizen der Nichteisenmetalle wie auch von Eisen und Stahl.*
  GRIN-Verlag; Archivnummer: V143019,
  ISBN (E-Book): 978-3-640-52316-0; ISBN (Buch): 978-3-640-52241-5.
- *Henry Clifton Sorby, Adolf Martens, Emil Heyn – Nestoren der Metallographie.*
  GRIN-Verlag; Archivnummer: V142300,
  ISBN (E-Book): 978-3-640-50934-8, ISBN (Buch): 978-3-640-50962-1.
- *Historische Betrachtungen zum „König der Metalle" – dem Gold.*
  GRIN-Verlag; Archivnummer: V146691,
  ISBN (E-Book): 978-3-640-57441-4; ISBN (Buch): 978-3-640-57387-5.
- *Silber – ein Metall des Altertums und der Gegenwart.*
  GRIN-Verlag; Archivnummer: V146692,
  ISBN (E-Book): 978-3-640-57442-1; ISBN (Buch): 978-3-640-57390-5.
- *Erinnerungen an den 170. Geburtstag von Alexandre Gustave Eiffel und der Bau des Eiffelturms vor 115 Jahren.*
  Collection deutscher Erzähler – Eine Anthologie neuer deutschsprachiger Autorinnen und Autoren, Band 3, Frankfurt/Main : R. G. Fischer Verlag 2004, ISBN: 3-8301-0633-5.
- *Emil Heyn – Nestor der Metallkunde und Metallographie.*
  stahl und eisen 125 (2005), Nr. 6, 15. Juni 2005, S. 54/56.
- *Vannoccio Biringuccio und die Pirotechnia.*
  stahl und eisen 126 (2006), Nr. 3, 15. März 2006, S. 96/98.
- *Gedenken zum 100. Todestag. Adolf Ledebur – Theoria cum praxi.*
  stahl und eisen 126 (2006), Nr. 6, 19. Juni 2006, S. 104/106.
- *Annaberger Museumsnacht mit einem neuen Angebot. Emil Heyn zu Gast bei Adam Ries.*
  stahl und eisen 126 (2006), Nr. 9, 15. September 2006, S. 98.
- *Adolf Martens. Erinnerungen an den Nestor aller Materialprüfungen der Technik.*
  stahl und eisen 127 (2007), Nr. 3, 15. März 2007, S. 112/114.
- *Reminiszenzen an den Baubeginn des Eiffelturms vor 120 Jahren.*
  stahl und eisen 127 (2007), Nr. 11, 7. November 2007, S. 170/174.
- *Zum 110. Todestag von Henry Bessemer. Henry Bessemer und sein Stahlgewinnungsverfahren.*
  stahl und eisen 128 (2008), Nr. 3, 17. März 2008, S. 118/120.
- *100. Todestag von Henry Clifton Sorby. Henry Clifton Sorby gilt als Begründer der Metallographie.*
  stahl und eisen 128 (2008) Nr. 6, 16. Juni 2008, S. 104/106.
- *Emil Heyn in seiner Geburtsstadt geehrt.*
  Praktische Metallographie 45 (2008), H. 11, S. 566/574.
- *175. Geburtstag von Johann Bauschinger. Begründer der mechanisch-technischenVersuchsanstalten*
  stahl und eisen 129 (2009), Nr. 6, 16. Juni 2009, S. 100/102.
- *Zum 200. Geburtstag des sächsischen Lokomotivenkönigs und Industriepioniers Richard Hartmann (1809-1878).*
  stahl und eisen 129 (2009), Nr. 11, November 2009, S. 129/131.
- *Henry Clifton Sorby – ein Privatgelehrter begründete vor rund 145 Jahren die Metallographie.*
  Praktische Metallographie 47 (2010), H. 1, S. 1/13.
- *Erinnerungen an Johann Ludwig Werder anlässlich seines 125. Todestages (17. Mai 1808 bis 4. August 1885).*
  stahl und eisen 130 (2010), Nr. 8, August 2010, S. 101/103.

Annaberg-Buchholz im September 2010.

Abstract.

Das Buch Bronze beschäftigt sich mit Wissenswertem zu den Kupfer-Zinn-Knetlegierungen und Kupfer-Zinn- und Kupfer-Zinn-Zink-Gusslegierungen. Es wird vermittelt, daß Bronzen Werkstoffe mit langer Geschichte und Materialien mit vielfältigen Anwendungsmöglichkeiten sind. Besonders behandelt werden die Begriffsbestimmung der Bronze, Charakteristik der die Legierung Bronze bildenden Metalle Kupfer und Zinn, Thesen zu den Legierungsmetallen Kupfer und Zinn, die Bedeutung der Legierungselemente Phosphor, Zink, Blei, Nickel, Eisen und einiger anderer Elemente, die industrielle Herstellung und Behandlung der Zinnbronzen. Außerdem wird ein Überblick zur Verwendung von Kupfer und Zinn in der Antike wie auch in der Gegenwart gegeben. In die Publikation eingebunden ist auch eine kurze Übersicht zu den gängigen, genormten Kupfer-Zinn-Knet- und Gußlegierungen. Überdies werden in dieser Veröffentlichung dem Leser auch einige Literaturempfehlungen zur Bronze gegeben.